スッキリわかる

建設業
経理士
財務分析

1級

わかる

TAC出版開発グループ

JN101147

はしがき

大切なのは基本をしっかりと理解すること

　建設業経理士1級は、財務諸表・財務分析・原価計算の3科目で実施されます。財務諸表の分析を行うことにより、企業の状態を知る「財務分析」は、他の簿記試験では学習しない、建設業経理士試験特有の科目です。理論問題・計算問題両面から問われますので、財務分析の体系的な理解、分析手法や、その用語についてまで正確に把握しておくことが必要です。

　そこで本書では、合格に必要な知識を基礎からしっかりと身につけることを目標とし、合格に必要なポイントを丁寧に説明しています。

特徴1　読みやすく、場面をイメージしやすいテキストにこだわりました

　1級財務分析の試験範囲は非常に広いため、**効率的に学習**する必要があります。そこで、1級初学者の方が内容をきちんと理解し、最後までスラスラ読めるよう、**やさしい、一般的なことば**を用いて、専門用語等の解説をしています。

　さらに、**取引の場面を具体的にイメージ**できるように、2級でおなじみのゴエモン（キャラクター）を登場させ、みなさんがゴエモンと一緒に取引ごとに会計処理を学んでいくというスタイルにしています。

特徴2　準拠問題集を完備

　テキストを読んだだけでは簿記の知識を身につけることはできません。テキストを読んだあと、問題を解くことによって、知識が定着するのです。

　そこで、**テキストのあとに必ず問題を解いていただけるよう**、本書に完全準拠した「スッキリとける問題集　建設業経理士1級　財務分析」を準備しました。

　2級以上の合格者は公共工事の入札に関わる経営事項審査の評価対象となっています。本書を活用することで読者のみなさんがいちはやく建設業経理検定に合格され、日本の建設業界を担う人材として活躍されることを願っています。

2020年5月

・第3版刊行にあたって

　次の論点を追加し、刊行しています。

　・デュポンシステム

建設業経理士1級の学習方法と合格まで

1. テキスト『スッキリわかる』を読む

テキスト

まずは、**テキストを読みます**。

テキストは自宅でも電車内でも、どこでも手軽に読んでいただけるように作成していますが、机に向かって学習する際には、鉛筆と紙を用意し、取引例や新しい用語がでてきたら、**実際に紙に書いてみましょう**。

また、本書はみなさんが考えながら読み進めることができるように構成していますので、ぜひ**答えを考えながら**読んでみてください。

2. テキストを読んだら問題を解く！

問題集

簿記は**問題を解くことによって、知識が定着**します。本書の章構成は、姉妹本『スッキリとける問題集 建設業経理士1級 財務分析』と対応していますので、「本書」で1章分の学習が終わったら「スッキリとける問題集」内の対応する章の問題を解きましょう。

また、まちがえた問題には付箋などを貼っておき、あとでもう一度、解きなおすようにしてください。

3. もう一度、すべての問題を解く！

テキスト＆
問題集

上記1、2を繰り返し、本書の内容理解に自信がもてたら、**本書を見ないで**『スッキリとける問題集』の**問題をもう一度最初から全部解いてみましょう**。

4. そして過去問題を解く！

過去問題

『スッキリとける問題集』には、本試験レベルの問題も収載していますが、本試験の出題形式に慣れ、時間内に効率的に合格点をとるために同書の別冊内にある**3回分の過去問題**を解くことをおすすめします。

なお、**別売の過去問題集***では過去10回分まで解くことができます。

* TAC出版刊行の過去問題集
・「合格するための過去問題集 建設業経理士1級 財務分析」

建設業経理士1級はどんな試験？

1. 試験概要

主 催 団 体	一般財団法人建設業振興基金
受 験 資 格	特に制限なし
試 験 日	毎年度 9月・3月
試 験 時 間	財務諸表 9：30〜11：00 財務分析 12：00〜13：30 原価計算 14：30〜16：00
申込手続き	インターネット・郵送
申 込 期 間	おおむね試験日の4カ月前より1カ月間 ※主催団体の発表をご確認ください。
受 験 料 等 （税込）	1科目：8,120円 2科目同日受験：11,420円 3科目同日受験：14,720円 ※上記の受験料等には、申込書代金もしくは決済手数料の320円（消費税込）が含まれています。
問 合 せ	一般財団法人建設業振興基金 経理試験課 URL：https://www.keiri-kentei.jp/

2. 配点（財務分析）

過去5回はおおむね次のような配点で出題されており、合格基準は100点満点中70点以上となります。

第1問	第2問	第3問	第4問	第5問	合 計
20点	15点	20点	15点	30点	100点

3. 受験データ（財務分析）

回 数	第22回	第23回	第24回	第25回	第26回
受験者数	1,155人	1,193人	1,243人	1,361人	1,276人
合格者数	488人	312人	352人	362人	387人
合格率	42.3%	26.2%	28.3%	26.6%	30.3%

財務諸表、財務分析、原価計算の3科目すべてに合格すると、1級資格者となります。科目合格の有効期限は5年間です。

● CONTENTS

建設業経理士検定試験　財務分析主要比率表

さくいん

第1章

財務分析の基礎

財務分析ってなんだろう?

ここでは財務分析の目的や、
財務分析のもととなる財務諸表の構造について
みていきましょう。

財務分析とは？

え…財務諸表を作るだけじゃダメですか？

そのデータをもっと活用したいんだ。

ゴエモン君は「会社を分析して経営の実態を把握しなければ！」と考えました。
会社の分析には、どのようなものがあるのでしょうか？

財務分析とは

　財務分析とは、企業の財務諸表（貸借対照表、損益計算書、キャッシュ・フロー計算書など）上の数値の分析を行い、企業の財政状態、経営成績、キャッシュ・フローの状況などの良否を判定することをいいます。

経営分析とは

経営分析を「広義の企業評価」ともいいます。

　経営分析とは、経営者、株主、投資家、金融機関、取引先、競争企業などの企業の利害関係者が、彼らに関係する情報にもとづいて、企業の経営状況を分析し、評価することをいいます。

　経営分析は次のように区分されます。

定性的分析を「狭義の企業評価」ともいいます。

定性的分析	人脈や経営者の資質など定量化できないものを分析
定量的分析	財務諸表を中心とした財務関連データによる分析

● 企業会計システムと財務分析

(1) 企業会計システム

企業会計システムは、一般に財務会計と管理会計に区分されます。

財務会計	企業の外部利害関係者（株主、投資家、債権者等）に対して、財務諸表を通じて企業の経営実態を開示するために実施される会計
管理会計	企業内部の経営者、管理者に対して、各々のニーズに適応した会計情報を提供するための会計

(2) 企業会計システムと財務分析の関係

財務分析は次の企業会計システムのいずれの領域にも関係をもっています。

① 財務会計領域

公表された財務諸表を基軸として、実績データにもとづいた財務分析が実施されます。

② 管理会計領域

事後的な内部業績の測定と管理機能に対しては、いずれも損益計算書を中心とする財務諸表が基礎的な分析対象となるため、実績データにもとづいた財務諸表分析と類似の手法が適用されます。

これに対して、企業活動において事前に実施しなければならない意思決定機能に対しては、事前の予測データにもとづいた財務分析が実施されるという特殊性があります。

この表は、しっかりと覚えておきましょう。

企業会計システムと財務分析の関係

種　　類	企業会計システム		
	財務会計	管理会計	
目　　的	過去の業績評価	業績管理	意思決定
財務分析	実績データにもとづいて実施		予測データにもとづいて実施

財務分析の種類と目的

? 財務分析にはいろいろ
な種類がありますが、
それぞれ誰が何のために使う
のでしょうか。
ここでは、財務分析の種類と
目的についてみてみましょう。

● 財務分析の確認目的

（　）の中には、
詳しく学習する章
やCASEを示し
ています。
分析をする際は、
どんな分析をして
いるのかを考えな
がら学習すると効
果的に理解できま
す。

財務分析により確認すべき目的を明確にしなければ、財務分析を適切に行うことはできません。財務分析は確認目的によって次のように区分されます。

```
              ┌ 収益性分析（第2章）
              │                     ┌ 流動性分析（CASE23）
              │ 安全性分析（第3章）─┼ 健全性分析（CASE37）
財務分析 ─────┤                     └ 資金変動性分析（CASE48）
              │ 活動性分析（第4章）
              │ 生産性分析（第5章）
              └ 成長性分析（第6章）
```

（1）**収益性分析**

　企業の利益獲得能力を分析します。

（2）**安全性分析**

　企業の支払能力や、財務のバランス、資金のフローを分析します。

（3）**活動性分析**

　資本やその運用形態である資産などが一定期間にどの程度運

動したかを分析します。

(4) 生産性分析

投入された生産要素がどの程度有効に利用されたかを分析します。

(5) 成長性分析

2期間以上のデータを比較することで、企業の成長の程度やその要因などを分析します。

● 財務分析の主体とその目的

財務分析は、財務分析の主体（誰が利用するか）の観点から外部分析と内部分析の2つに区分されます。

(1) 外部分析

外部分析とは、企業外部の利害関係者が利用するために行われる財務分析のことをいいます。

代表的な企業外部利害関係者とその財務分析の目的は次のとおりです。

外部利害関係者	財務分析の目的
投 資 家	投資意思決定の情報を得るため
株 主	保有する株式を売却すべきか否かの判断資料を得るため
銀 行 等	債務返済能力を有しているか否かの判断資料を得るため
監 査 人	監査のための参考資料を得るため
税務当局	申告所得が適正に算定されたか否かの判断資料を得るため
組 合	ベースアップなどの交渉に必要な資料を得るため

(2) 内部分析

内部分析とは、企業内部の経営管理者が利用するために行われる財務分析をいいます。

経営管理者であっても、トップ・マネジメントとミドル・マ

ネジメントでは財務分析の目的は次のように異なります。

経営管理者		財務分析の目的
トップ・マネジメント		経営意思決定のための企業全体の収益力や流動性などの判断資料を得るため
ミドル・マネジメント	営業に関する部署	製品別や顧客別の分析資料を得るため
	経理に関する部署	流動性や資金に関する分析資料を得るため

財務分析の限界

財務分析には、次のような限界があります。

①	社風、組織力、構成員の質などは企業の経営に大きく影響しますが、財務分析は企業の財務諸表上の数値にもとづいて行われるため、これらによる影響を判断することができません。
②	新しい経営力指標として重視されている新製品開発力、研究努力、トップマネジメント、労使関係などの定性的なものを定量化する手法は定着していないため、考慮できません。
③	現行制度上、人件費や減価償却費などについて複数の会計処理が認められているため、外部分析では生産性分析などの精度が低くなります。
④	財務分析は、過去に公表された企業の財務諸表上の数値にもとづいて行われるため、現在の経済の動きや景気の変動などを十分に反映することができません。

財務諸表の構造

財務諸表をみてみよう！

損益計算書

貸借対照表

財務分析は、企業の財務諸表にもとづいて行われます。具体的な分析を学習する前に、財務諸表の構造を確認しておきましょう。

貸借対照表

貸借対照表は、決算日における企業の資産・負債・純資産を記載した書類で、企業の財政状態（資産や負債がいくらあるのか）を表します。

> 決算日のことを「期末」や「貸借対照表日」ともいいます。

貸借対照表のつくり

貸借対照表は大きく**資産の部**、**負債の部**、**純資産の部**の3つの区分に分かれます。

貸 借 対 照 表

ゴエモン㈱　　　　　　　　　×2年3月31日　　　　　　　　　（単位：円）

Ａ 資 産 の 部

Ⅰ 流 動 資 産 ⓐ

現 金 預 金		1,130
受 取 手 形	800	
完成工事未収入金	1,200	
貸 倒 引 当 金	40	1,960
未成工事支出金		420
有 価 証 券		800
流 動 資 産 合 計		4,310

Ⅱ 固 定 資 産 ⓑ

1．有形固定資産 ①		
建　　　　物	2,000	
減価償却累計額	1,200	800
備　　　　品	1,000	
減価償却累計額	600	400
有形固定資産合計		1,200
2．無形固定資産 ②		
の　れ　ん		300
無形固定資産合計		300
3．投資その他の資産 ③		
投 資 有 価 証 券		550
投資その他の資産合計		550
固 定 資 産 合 計		2,050

Ⅲ 繰 延 資 産 ⓒ

株 式 交 付 費		120
繰 延 資 産 合 計		120

資 産 合 計　　6,480

Ｂ 負 債 の 部

Ⅰ 流 動 負 債 ⓓ

支 払 手 形		600
未成工事受入金		400
流 動 負 債 合 計		1,000

Ⅱ 固 定 負 債 ⓔ

社　　　　債		800
長 期 借 入 金		500
固 定 負 債 合 計		1,300
負 債 合 計		2,300

Ｃ 純 資 産 の 部

Ⅰ 株 主 資 本 ⓕ

1．資　本　金		3,000
2．資本剰余金		
⑴ 資 本 準 備 金		250
⑵ その他資本剰余金		200
資本剰余金合計		450
3．利益剰余金		
⑴ 利 益 準 備 金		300
⑵ その他利益剰余金		
別 途 積 立 金	100	
繰越利益剰余金	380	480
利益剰余金合計		780
4．自 己 株 式		△200
株 主 資 本 合 計		4,030

Ⅱ 評価・換算差額等 ⓖ

1．その他有価証券評価差額金		50
評価・換算差額等合計		50

Ⅲ 新 株 予 約 権 ⓗ

		100
純 資 産 合 計		4,180
負債・純資産合計		6,480

A 資産の部

資産の部はさらに@**流動資産**、ⓑ**固定資産**、ⓒ**繰延資産**の３つに分かれます。

また、固定資産はさらに①**有形固定資産**、②**無形固定資産**、③**投資その他の資産**に分かれます。

固定資産の区分

①有形固定資産

　　…企業が長期的に利用する、形のある資産
　　　（土地、建物、備品など）

②無形固定資産

　　…企業が長期的に利用する、形のない資産
　　　（のれんなど）

③投資その他の資産

　　…投資や、①、②に該当しない長期的な資産
　　　（投資有価証券、長期貸付金など）

B 負債の部

負債の部はさらにⓓ**流動負債**とⓔ**固定負債**に分かれます。

C 純資産の部

純資産の部はさらにⓕ**株主資本**、ⓖ**評価・換算差額等**、ⓗ**新株予約権**に分かれます。

● 流動・固定の分類

資産と負債を流動・固定に分類する基準には、**正常営業循環基準**と**一年基準**があります。

● 貸借対照表の配列

貸借対照表の勘定科目は、通常は現金化しやすいものから順に並べます。これを**流動性配列法**といいます。

しかし、固定資産を多く所有している企業では、現金化しにくいものから順に並べるという**固定性配列法**によって表示することができます。

> これまでみてきた貸借対照表は、「現金預金」から始まっていましたよね？

> **貸借対照表の配列**
> ●原則…流動性配列法
> ●例外…固定性配列法

貸借対照表と安全性分析

　企業にとっては、財務上の安全性を維持する配慮が不可欠です。

　安全性にかかわる分析（流動性分析、健全性分析）は、貸借対照表の理解と深く関係しています。

損益計算書

　損益計算書は、一定の会計期間の収益と費用から当期純利益（または当期純損失）を計算した書類で、会社の経営成績（いくらもうけたのか）を表します。

損益計算書のつくり

　損益計算書は大きく**営業損益計算、経常損益計算、純損益計算**の３つに区分されます。

(1)　**営業損益計算**

　営業損益計算の区分では、その会社の主な営業活動から生じる損益を計上して**営業利益**を計算します。

(2)　**経常損益計算**

　経常損益計算の区分では、営業利益にその会社の主な営業活動以外の（経常的な）活動から生じる損益を加減して**経常利益**を計算します。

(3)　**純損益計算**

　純損益計算の区分では、経常利益に臨時的または偶発的に生じた損益を加減して**税引前当期純利益**（または**税引前当期純損**

> このテキストでは損益計算書(Profit ＆ Loss Statement)をP/L、貸借対照表（Balance Sheet）をB/Sと表記している箇所があります。

> 工事の収益や原価、給料や広告費の支払いなどですね。

> 有価証券の売買や資金の借入れ、社債の発行などですね。

> 固定資産売却益や火災損失などです。

失）を計算し、税引前当期純利益から**法人税、住民税及び事業税**を差し引いて会社全体の損益である**当期純利益**（または**当期純損失**）を計算します。

> 「法人税等」で表示することもあります。

損益計算書のひな形を示すと次のとおりです。

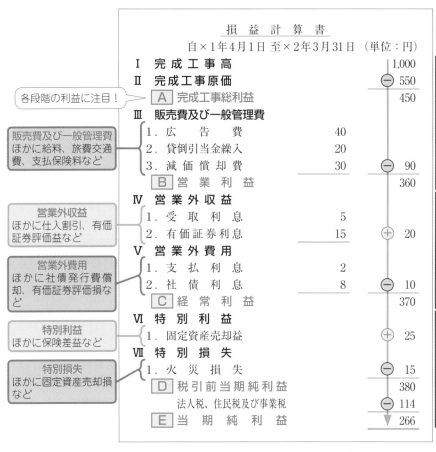

各段階の利益に注目！

販売費及び一般管理費
ほかに給料、旅費交通費、支払保険料など

営業外収益
ほかに仕入割引、有価証券評価益など

営業外費用
ほかに社債発行費償却、有価証券評価損など

特別利益
ほかに保険差益など

特別損失
ほかに固定資産売却損など

損　益　計　算　書
自×1年4月1日 至×2年3月31日　（単位：円）

Ⅰ　完　成　工　事　高　　　　　　　　　　　　1,000
Ⅱ　完　成　工　事　原　価　　　　　　　　⊖　550
　　A　完成工事総利益　　　　　　　　　　　　450
Ⅲ　販売費及び一般管理費
　1. 広　　　告　　　費　　　　40
　2. 貸倒引当金繰入　　　　　　20
　3. 減　価　償　却　費　　　　30　　⊖　90
　　B　営　業　利　益　　　　　　　　　　　　360
Ⅳ　営　業　外　収　益
　1. 受　取　利　息　　　　　　 5
　2. 有　価　証　券　利　息　　15　　⊕　20
Ⅴ　営　業　外　費　用
　1. 支　払　利　息　　　　　　 2
　2. 社　債　利　息　　　　　　 8　　⊖　10
　　C　経　常　利　益　　　　　　　　　　　　370
Ⅵ　特　別　利　益
　1. 固定資産売却益　　　　　　　　　⊕　25
Ⅶ　特　別　損　失
　1. 火　災　損　失　　　　　　　　　⊖　15
　　D　税引前当期純利益　　　　　　　　　　　380
　　　法人税、住民税及び事業税　　　　⊖　114
　　E　当　期　純　利　益　　　　　▼　266

営業損益計算
経常損益計算
純損益計算

一番はじめに計算
される利益です。

A 完成工事総利益

完成工事高から完成工事原価（完成工事高に対応する原価）
を差し引いて**完成工事総利益**を計算します。

会社の主な営業活
動によって生じた
利益です。

B 営業利益

完成工事総利益から**販売費及び一般管理費**を差し引いて**営業
利益**を計算します。

なお、販売費及び一般管理費は、販売活動に要した費用や会
社の管理に要した費用で、**給料、広告費、減価償却費、貸倒引
当金繰入**などがあります。

会社の通常の活動
から生じた利益で
す。

C 経常利益

営業利益に**営業外収益**と**営業外費用**を加減して**経常利益**を計
算します。

なお、営業外収益と営業外費用は、金銭の貸付けや借入れ、
有価証券の売買など、営業活動以外の活動から生じた収益や費
用で、**営業外収益**には、**受取利息**や**有価証券利息**などが、**営業
外費用**には、**支払利息**や**社債利息、社債発行費償却**などがあり
ます。

法人税等を差し引
く前の会社全体の
利益です。

D 税引前当期純利益

経常利益に、臨時的または偶発的に生じた利益や損失である
特別利益と**特別損失**を加減して**税引前当期純利益**を計算しま
す。

なお、特別利益には、**固定資産売却益**や**保険差益**などが、特
別損失には**固定資産売却損**や**火災損失**などがあります。

これが最終的な会
社の利益です。

E 当期純利益

税引前当期純利益から、法人税等（法人税、住民税及び事業
税）を差し引いて最終的な会社のもうけである**当期純利益**を計
算します。

損益計算書と収益性分析

　企業経営活動の本質は、投下資本に対する利益の最大化にあります。

　収益性に関わる分析は、損益計算書の理解と深く関係しています。

キャッシュ・フロー計算書とは？

　キャッシュ・フロー計算書とは、一会計期間におけるキャッシュ・フロー（収入と支出）を活動区分別に報告するための財務諸表をいいます。

キャッシュ・フロー計算書の必要性

　損益計算書では収益と費用から当期純損益を計算しましたが、この収益・費用の額は通常、収入・支出の額とは異なります。

　たとえば、当期に商品80円を現金で仕入れて、100円の売価をつけて掛けで売り上げた場合、損益計算書では利益が20円（100円 − 80円）と計算されます。

　しかし、現金ベースで考える（売掛金100円はまだ回収されていないと仮定する）と、収入額が0円、支出額が80円となるので、現金ベースで考えた場合の利益は△80円となります。

損益計算書に利益が生じているからといって、資金が十分にある、というわけではないのです。

　このように、収益と収入、費用と支出にズレが生じていると、損益計算書上では利益が生じているのに、実際は資金が不足しているため、支払いが滞って倒産してしまう（これを**黒字倒産**といいます）、ということもあります。

　また、貸借対照表は期末時点の財政状態を表しますが、資産や負債の増減は表しません。

　そこで、会社の状況に関する利害関係者の判断を誤らせないようにするため、資金の増減状況や期末における資金の残高を表すキャッシュ・フロー計算書の作成が必要となるのです。

●キャッシュ・フロー分析の必要性

　企業活動の結果生じる収益・費用と現金等の収入・支出は通常一致することはありません。そこで、損益フローに加えてキャッシュ・フローの面からも企業活動を把握することが重要となります。

　財務諸表分析という場合、損益計算書や貸借対照表から得られる情報に加えてキャッシュ・フロー計算書にもとづく分析が不可欠です。

●資金（キャッシュ）の範囲

　一般的に「キャッシュ」というと現金を意味しますが、キャッシュ・フロー計算書における「キャッシュ（資金）」は、**現金及び現金同等物**をいいます。

資金（キャッシュ）の範囲

資金 （キャッシュ）	現　　金	手許現金
		要求払預金 { 普通預金 / 当座預金 / 通知預金
	現金同等物*1	定期預金 譲渡性預金*2 コマーシャル・ペーパー*3 公社債投資信託*4　など

＊1 容易に換金可能かつ価値の変動リスクが僅少な短期投資（3カ月以内）
＊2 銀行が発行する無記名の預金証書。預金者はこれを金融市場で自由に売買できる
＊3 企業が資金調達のために市場で発行する短期の約束手形
＊4 株式を組み入れず、国債など安全性の高い公社債を中心に運用する投資信託。信託銀行は投資者から預かった資金で公社債を運用し、運用成果を投資者に分配する

> 譲渡性預金、コマーシャル・ペーパー、公社債投資信託の意味を覚える必要はありません。

キャッシュ・フロー計算書の様式

キャッシュ・フロー計算書は、会社の活動を**営業活動、投資活動、財務活動**に分け、それぞれの活動ごとに資金（キャッシュ）の増減を表示します。

キャッシュ・フロー計算書のおおまかな様式を示すと次のとおりです。

キャッシュ・フロー計算書　（単位：円）

営業活動によるキャッシュ・フロー	150
投資活動によるキャッシュ・フロー	△ 20
財務活動によるキャッシュ・フロー	80
現金及び現金同等物に係る換算差額	△ 10
現金及び現金同等物の増減額（△は減少）	200
現金及び現金同等物の期首残高	⊕ 700
現金及び現金同等物の期末残高	900

活動ごとに分けて表示

外貨建ての現金や現金同等物を換算したときの換算差額

当期の増減額

● 営業活動によるキャッシュ・フローに記載される項目

営業活動によるキャッシュ・フローの区分には、商品の仕入や販売等、営業活動により生じるキャッシュ・フローが記載されます。

つまり、損益計算書の営業損益計算の対象となった取引から生じるキャッシュ・フローが記載されることになります。

また、営業活動によるキャッシュ・フローの区分には、投資活動にも財務活動にも分類されない活動（その他の活動）から生じるキャッシュ・フローも記載されます。

> **営業活動によるキャッシュ・フローに記載するもの**
> ①商品（またはサービス）の販売による収入
> ②商品（またはサービス）の購入による支出
> ③従業員や役員に対する給料、報酬の支払い
> ④その他の営業支出（営業費支出など）
> 　　　　　　　　　営業活動から生じたキャッシュ・フロー
> ⑤災害による保険金の収入
> ⑥損害賠償金の支払い
> ⑦法人税等の支払い　など
> 　　　　　　　　　営業活動にも投資活動にも財務活動にも分類されない活動から生じたキャッシュ・フロー

● 投資活動によるキャッシュ・フローに記載される項目

投資活動によるキャッシュ・フローの区分には、有価証券や建物の購入や売却、資金の貸付けなど、投資活動により生じるキャッシュ・フローが記載されます。

> **投資活動によるキャッシュ・フローに記載するもの**
> ①有価証券や有形固定資産の取得による支出
> ②有価証券や有形固定資産の売却による収入
> ③貸付けによる支出
> ④貸付金の回収による収入　など

● 財務活動によるキャッシュ・フローに記載される項目

財務活動によるキャッシュ・フローの区分には、資金の借入れ、社債の発行・償還、株式の発行など、財務活動により生じるキャッシュ・フローが記載されます。

```
財務活動によるキャッシュ・フローに記載するもの
①借入れによる収入
②借入金の返済による支出
③社債の発行による収入
④社債の償還による支出
⑤株式の発行による収入
⑥配当金の支払い　など
```

● 利息と配当金の表示区分

利息や配当金の受取額または支払額は、キャッシュ・フロー計算書では「**利息の受取額（または支払額）**」、「**配当金の受取額（または支払額）**」として表示します。

なお、利息や配当金の受取額または支払額については、次の2つのうちどちらかの表示区分によって表示します。

⑴　**損益計算書項目かどうかで区分する方法**

1つめは、損益計算書項目である**受取利息、受取配当金、支払利息**は**営業活動によるキャッシュ・フロー**に表示し、損益計算書項目ではない**支払配当金**は**財務活動によるキャッシュ・フロー**に表示する方法です。

⑵　**活動によって区分する方法**

2つめは、投資活動の成果である**受取利息、受取配当金**は**投資活動によるキャッシュ・フロー**に表示し、財務活動上の支出である**支払利息、支払配当金**は**財務活動によるキャッシュ・フロー**に表示する方法です。

利息と配当金の表示区分

(1) 損益計算書項目かどうかで区分する方法

●受取利息、受取配当金、支払利息 ← 損益計算書項目

→ 営業活動 によるキャッシュ・フロー

●支払配当金 ← 損益計算書項目以外

→ 財務活動 によるキャッシュ・フロー

(2) 活動によって区分する方法

●受取利息、受取配当金 ← 投資活動の成果

→ 投資活動 によるキャッシュ・フロー

●支払利息、支払配当金 ← 財務活動上の支出

→ 財務活動 によるキャッシュ・フロー

どちらの方法によるかは問題文の指示にしたがってください。

参考

株主資本等変動計算書

　株主資本等変動計算書は、株主資本等（純資産）の変動を表す財務諸表で、貸借対照表の純資産の部について項目ごとに、当期首残高、当期変動額、当期末残高を記載します。

　なお、株主資本の変動額は、変動原因ごとに記載します。

　株主資本等変動計算書の形式（一部）を示すと次のとおりです。

株主資本以外の当期変動額は純額で記載します。

株主資本等変動計算書 （単位：円）

第2期

自×1年4月1日

至×2年3月31日

株主資本	
当期首残高	900
当期変動額	
剰余金の配当	△100
当期純利益	500
自己株式の取得	△ 50
当期変動額合計	350
当期末残高	1,250

完成工事原価報告書

　完成した工事については、**完成工事原価報告書**としてまとめられます。

　完成工事原価報告書の形式を示すと、次のとおりです。

完成工事原価報告書

自×1年4月1日　至×2年3月31日

ゴエモン建設

（単位：円）

Ⅰ．材　料　費	2,000
Ⅱ．労　務　費	1,800
（うち労務外注費　500）	
Ⅲ．外　注　費	520
Ⅳ．経　　　費	4,800
（うち人件費　650）	
完成工事原価	9,120

建設業の特性と財務構造

いろいろあるなあ。

分析
マニュアル

建設業の財務分析を学習するうえでは、建設業の特性および財務構造の特徴を確認しておく必要があります。
建設業には、どのような特性や特徴があるのでしょうか？

建設業の特性

建設業の特性には、おもに、次の8つがあります。

建設業の特性
(1) 受注請負生産業である
(2) 公共工事が多い
(3) 生産期間（工事期間）が長期となることが多い
(4) 定額（総額）請負契約が比較的多い
(5) 単品産業であり、移動産業である
(6) 屋外・天候など自然条件に左右される産業である
(7) 下請制度に依存することが多い
(8) 中小企業に下支えされる産業構造である

---

(1) 受注請負生産業である

建設業では、大量生産をせずに、発注者から個別に建設工事を受注するのが原則です。そのため、商品や製品は経営上の基本財産とはなりません。

(2) 公共工事が多い

建設業では、発注者が政府、地方公共団体、公益法人などである公共工事の比率が高いです。公共工事の発注には入札制度

が用いられますが、財務分析と深い関わりをもつ「経営事項審査（経審）」制度は、この入札に参加する資格の判定を行うものです。

⑶ 生産期間（工事期間）が長期となることが多い

建設業では、工事期間が長期となることが多いため、未成工事支出金や未成工事受入金といった建設業特有の勘定を設定する必要があります。

⑷ 定額（総額）請負契約が比較的多い

建設業の工事は、通常、発注者と建設業者との間の請負契約にもとづいて行われ、請負代金の額は総額請負契約方式（工事代金の総額を定額で確定して契約する方式）がとられる場合が多いです。

⑸ 単品産業であり、移動産業である

建設業は、造船や飛行機製造と同じ受注請負生産業ですが、それらと異なり、1つの土地に1つの建造物しか建てられない単品産業であり、工事ごとに生産現場の場所が異なる移動産業でもあります。

⑹ 屋外・天候など自然条件に左右される産業である

建設業における建設工事は、ほとんどの建造物が屋外に建設されるため、天候に左右されることになります。よって、経営比較という見地から財務分析を行う場合には、地域による自然条件の相違を考慮する必要があります。

⑺ 下請制度に依存することが多い

建設業では、数多くの工事を専門とする下請業者に発注し、その下請業者に完成を依存することが多いため、外注費の割合が高くなります。

⑻ 中小企業に下支えされる産業構造である

建設業を営む企業は、そのほとんどが中小企業です。これら

の中小企業は財務体質が弱く、倒産件数も多いです。

建設業の財務構造の特徴

建設業の財務構造には、財務諸表に関して次のような特徴があります。

	特　徴	内　容
貸借対照表項目に関する特徴	1．固定資産の構成比が相対的に低い	効率性が良好であることを示すが、他方、労働装備率が低いことを示す。
	2．流動資産の構成比が高い	**未成工事支出金、未成工事受入金が巨額**であることが原因である。
	3．流動負債の構成比が高い	財務構造の特徴から、この2つの項目との関係比率が合理的であるかどうかが、特に重要な分析事項となる。
	4．固定負債の構成比が相対的に低い	短期負債が固定資産へ投資されていることを示し、財政上の弱さを示す。
	5．資本金の構成比が低い	財政的基盤の弱さを示す。
損益計算書項目に関する特徴	1．**完成工事原価の構成比が高く**、なかでも**外注費の構成比が高い**	下請制度に依存することが多いため、外注依存度を明らかにする必要がある。
	2．**販売費・一般管理費が相対的に少なく**、なかでも減価償却費が少ない	販売を業としないため、販売手数料や運搬費が比較的少ない。また、固定資産の構成比が低いため、減価償却費が少ない。
	3．財務構造との関連から支払利息などが少ない	固定負債の構成比が低いため、金融費用が少ない。

第2章

収益性分析

会社にとって利益をあげることは
とても大切なことです。

ここでは会社の利益獲得能力を
分析するために収益性分析を学習します。
色々な分析方法が出てきますが、
順番にみていきましょう。

収益性分析とは？

自社を分析しようと思い立ったゴエモン君。まずは会社の収益性を調査しようとしていますが、収益性分析とはどのようなものかみてみましょう。

収益性分析とは

収益性分析とは、会社の**利益獲得能力**を分析することをいいます。企業の本来の目標は投下資本に対する利益の最大化ですから、もっとも重要な分析といえます。

なお、収益性分析は、次のようなものがあります。

収益性分析の区分

● 資本利益率分析
　資本に対する利益割合の分析
● 対完成工事高比率の分析
　完成工事高に対する利益や費用の割合の分析
● 損益分岐点分析
　利益がゼロになる点を求める分析

資本利益率とは？

まずは資本利益率に
よる分析をみてみま
しょう。
資本利益率の分析に用いる資
本や利益とは、どのようなも
のなのでしょうか。

資本利益率とは

資本利益率とは、投下した資本に対する一定期間に獲得した
利益の割合をいいます。

$$資本利益率(\%) = \frac{利益}{資本^*} \times 100$$

* 期中平均値

分子の利益は一定期間に獲得した金額ですが、分母の資本は
一定時点（期首または期末）における金額となります。

そのため、分母の資本には期中平均値である「**（期首の資本
＋期末の資本）÷2**」を用います。

> 分析に用いる数値
> は、一定期間のも
> のはそのまま、一
> 定時点のものは平
> 均値を使うと覚え
> ておきましょう。

資本利益率の分類

資本利益率は分母である資本に何を用いるかによって、次の
ように分類できます。

> 分母の数値に何を
> 用いるかは、問題
> 文の指示に従いま
> しょう。

- ・総 資 本 利 益 率（CASE 7）
- ・経 営 資 本 利 益 率（CASE 8）
- ・自 己 資 本 利 益 率（CASE 9）

資本と利益の種類

　計算のときに用いる資本や利益には、さまざまな種類や組み合わせがあります。

(1)　資本の種類

貸借対照表

	企業活動に使用されている資本の総額をいいます。原則として、貸借対照表の貸方総額（負債の部と純資産の部の合計額）で算定されます。
総 資 本	企業活動に使用されている資本の総額をいいます。原則として、貸借対照表の貸方総額（負債の部と純資産の部の合計額）で算定されます。
経営資本	企業の総資本のうち営業活動に直接使用している部分をいいます。総資産額（総資本額）から営業活動に直接使用していない資産を控除して算定されます。 経営資本＝総資本－（建設仮勘定＋未稼働資産＋投資資産＋繰延資産＋その他営業活動に直接使用していない資産）
自己資本	一般的に企業の出資者である株主の持分をいいます。総資産額（総資本額）から他人資本（負債）の額を控除した純資産額として算定されます。 自己資本＝純資産額
資 本 金	会社法が定める法定資本をいいます。原則として、株主からの出資額（払込額）の全額が資本金となります。

(2) 利益の種類

	損 益 計 算 書
+	完 成 工 事 高
△	完 成 工 事 原 価
	完 成 工 事 総 利 益
△	販売費及び一般管理費
	営 業 利 益
+	営 業 外 収 益
△	営 業 外 費 用
	経 常 利 益
+	特 別 利 益
△	特 別 損 失
	税 引 前 当 期 純 利 益
△	法人税、住民税及び事業税
(±)	法 人 税 等 調 整 額
	当 期 純 利 益

企業の製造、購入活動により得られた利益（粗利益）です。

購入、施工、販売などの企業本来の営業活動により得られた利益です。

企業本来の営業活動および財務活動により得られた経常的な利益で、企業の正常な収益力を示します。

企業本来の営業活動および財務活動により得られた経常的な利益に臨時的な損益を加減した利益です。

企業のすべての活動により得られた利益です。

このほかに、資本の調達に関連する活動を除いた事業活動により得られた**事業利益**があります。

事業利益は次のように算定します。

> 事業利益＝経常利益＋支払利息（他人資本利子）

財務分析ではどの利益を計算に使うかが重要になるので、それぞれの違いをしっかり覚えましょう。

資本と利益の組み合わせ

資本利益率における資本と利益の組み合わせは次のようになります。

実線の組み合わせは、一般的に用いられることが多い資本利益率です。

分　　母	分　　子
総　資　本	完成工事総利益
経　営　資　本	営　業　利　益
自　己　資　本	事　業　利　益
（株主資本）	経　常　利　益
資　本　金	税引前当期純利益
	当　期　純　利　益

また、資本利益率は、資本回転率と売上高利益率に分解されます。

分母と分子それぞれに売上高を掛けて分解しています。このように分解して分析することもあります。

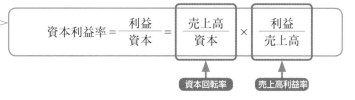

$$資本利益率 = \frac{利益}{資本} = \boxed{\frac{売上高}{資本}} \times \boxed{\frac{利益}{売上高}}$$

資本回転率　　売上高利益率

資本回転率については第4章で詳しく学習します。

資本回転率とは、資本に対する売上高の割合をいい、資本が一定期間（通常1年）に回転した回数、すなわち資本の利用度合い（運用効率）を示すものです。

一方、**売上高利益率**とは、売上高に対する利益の割合、すなわち企業が一定期間（通常1年）に獲得した売上高に対する利益の割合（取引採算性）を示すものです。建設業では、完成工事高利益率が売上高利益率に相当します。

完成工事高利益率についてはCASE11で詳しく学習します。

CASE 7 資本利益率

総資本利益率

総資本利益率が
低いなぁ…。

営業活動以外で
無駄遣いがあるの
かもしれませんね。

総資本利益率とは、総
資本に対する利益の割
合であり、企業の総合的な収
益性を示すものです。
具体的にはどのような分析な
のでしょうか。

例 次の資料にもとづいて、ゴエモン㈱の第2期の総資本営業利益率
を計算しなさい（単位：円）。

[資　料]

損益計算書の一部

	第1期	第2期
⋮		
営 業 利 益	400	500

貸借対照表の一部

	第1期	第2期
⋮		
総 資 本	800	1,200

● 総資本利益率とは

　総資本利益率とは、総資本に対する利益の割合をいい、企業
の総合的な収益性を示すものです。

$$総資本利益率(\%) = \frac{利益}{総資本^*} \times 100$$

＊　期中平均値

黒字で書かれた「総資本」が分母、赤字で書かれた「○○利益」が分子になると覚えましょう。
そのほかの指標にも応用することができます。

というのは、分析数値が大きければ、それだけ企業にとって、良い傾向を表します。

● 総資本利益率の種類

総資本利益率には、次のようなものがあります。

総資本利益率 ────── (1)**総資本**営業利益率
────── (2)**総資本**事業利益率
────── (3)**総資本**経常利益率
────── (4)**総資本**当期純利益率

(1) 総資本営業利益率

総資本営業利益率とは、総資本に対する営業利益の割合をいい、企業本来の営業活動による収益性を示すものです。

$$総資本営業利益率(\%) = \frac{営業利益}{総資本^*} \times 100$$

* 期中平均値

したがって、CASE 7 のゴエモン㈱の第 2 期の総資本営業利益率は次のようになります。

CASE 7の総資本営業利益率

第 2 期の営業利益：500 円

総資本（期中平均値）：(800 円＋1,200 円) ÷ 2 ＝1,000 円

したがって、

総資本営業利益率（％）：$\dfrac{500 円}{1,000 円} \times 100 = 50\%$

同様に他の総資本利益率についても、みていきましょう。

(2) 総資本事業利益率

総資本事業利益率とは、総資本に対する事業利益の割合をいい、資本の調達に関連する活動を除いた事業活動による収益性を示すものです。

$$総資本事業利益率(\%) = \frac{事業利益}{総資本^*} \times 100$$

        * 期中平均値

(3) 総資本経常利益率

総資本経常利益率とは、総資本に対する経常利益の割合をいい、企業本来の営業活動および財務活動による経常的な収益性を示すものです。

$$総資本経常利益率(\%) = \frac{経常利益}{総資本^*} \times 100$$

        * 期中平均値

(4) 総資本当期純利益率

総資本当期純利益率とは、総資本に対する当期純利益の割合をいい、企業のすべての活動による収益性を示すものです。

$$総資本当期純利益率(\%) = \frac{当期純利益}{総資本^*} \times 100$$

        * 期中平均値

資本利益率

経営資本利益率

まずは本業を分析し、これを強化するのが王道だろう！

ウチの本業って何ですか？

本業を分析するには、経営資本利益率を使うといいらしいと聞きました。経営資本利益率とはどのように求めるのでしょうか。

> **例** CASE7と同じ資料にもとづいて、ゴエモン㈱の第2期の経営資本営業利益率を計算しなさい。なお、第1期の総資本は経営資本と同額であるが、第2期の総資本には、建設仮勘定300円、投資資産400円、繰延資産50円が含まれている。

経営資本利益率とは

経営資本利益率とは、経営資本に対する利益の割合をいい、企業本来の営業活動による収益性を示しています。

$$経営資本利益率(\%)＝\frac{利益}{経営資本^*}×100$$

* 期中平均値

経営資本が、企業の総資本のうち営業活動に直接使用している部分であるため、対応する分子には営業利益を用います。

$$経営資本営業利益率(\%) = \frac{営業利益}{経営資本^*} \times 100$$

* 期中平均値

・・・ 値が大で

　したがって、CASE 8のゴエモン㈱の第2期の経営資本営業
利益率は次のようになります。

CASE 8の経営資本営業利益率

第2期の営業利益：500円

経営資本（1年目）：800円

経営資本（2年目）：1,200円 − (300円 + 400円 + 50円) = 450円

経営資本（期中平均値）：(800円 + 450円) ÷ 2 = 625円

経営資本営業利益率(%)：$\dfrac{500円}{625円} \times 100 = 80\%$

自己資本利益率

…ご出資いただいた皆様のご期待に何としても応えたかったのはもちろんですが…折からの不況の影響もあり…原油高や少子化…さらには…

自己資本利益率はマイナス22.5%になりました。

ゴエモン君は経営者として、株主に対して経営の状況を説明しなければなりません。
さて、どのような数値を使って説明するのでしょうか？

例 次の資料にもとづいて、ゴエモン㈱の第2期の自己資本営業利益率を計算しなさい（単位：円）。

［資　料］

損益計算書の一部

	第1期	第2期
⋮		
営業利益	300	360
⋮		

貸借対照表の一部

	第1期	第2期
株主資本合計	700	900
⋮		
純資産合計	800	1,000
総　資　本	2,000	2,000

自己資本利益率とは

自己資本利益率とは、自己資本（株主の持分）に対する利益の割合をいい、企業の出資者である株主の観点からの収益性を示すものです。

$$自己資本利益率(\%) = \frac{利益}{自己資本^*} \times 100$$

＊　期中平均値

自己資本利益率の種類

自己資本利益率には、次のようなものがあります。

自己資本利益率 ─────── (1)**自己資本**営業利益率
　　　　　　　　 ─────── (2)**自己資本**経常利益率
　　　　　　　　 ─────── (3)**自己資本**当期純利益率

> 黒字で書かれた「自己資本」が分母、赤字で書かれた「○○利益」が分子になると覚えましょう。

(1) 自己資本営業利益率

自己資本営業利益率とは、自己資本に対する営業利益の割合をいい、企業本来の営業活動によって自己資本がどれだけの利益を獲得したのかを示すものです。

$$自己資本営業利益率(\%)＝\frac{営業利益}{自己資本^*}×100$$

＊ 期中平均値

・・・ 値が大で

したがって、CASE 9 のゴエモン㈱の第 2 期の自己資本営業利益率は次のようになります。

CASE 9 の自己資本営業利益率

第 2 期の営業利益：360 円

自己資本＝純資産額なので、

自己資本：第 1 期 800 円、第 2 期 1,000 円

自己資本（期中平均値）：(800 円＋1,000 円)÷2＝900 円

$$自己資本営業利益率(\%)：\frac{360 円}{900 円}×100＝40\%$$

他の自己資本利益率についても、みていきましょう。

(2) 自己資本経常利益率

　自己資本経常利益率とは、自己資本に対する経常利益の割合をいい、企業本来の営業活動および財務活動（経常的な活動）によって自己資本がどれだけの利益を獲得したのかを示すものです。

$$自己資本経常利益率（\%）＝\frac{経常利益}{自己資本^{*}}×100$$

＊　期中平均値

 … 値が(大)で

(1)〜(3)で、株主の観点から収益性を示したいときには、株主の取り分である当期純利益を用いた(3)自己資本当期純利益率がもっとも適しているといえます。

(3) 自己資本当期純利益率

　自己資本当期純利益率とは、自己資本に対する当期純利益の割合をいい、企業のすべての活動により自己資本がどれだけの利益を獲得したのかを示すものです。

$$自己資本当期純利益率（\%）＝\frac{当期純利益}{自己資本^{*}}×100$$

＊　期中平均値

 … 値が(大)で

デュポンシステム

(1) デュポンシステムとは

デュポンシステムとは、自己資本利益率を売上高利益率、総資本回転率、自己資本比率の3つの要素に分解する分析方法です。

$$
\begin{array}{l}
\text{自己資本利益率（\%）} \\
\text{＝売上高利益率×総資本回転率÷自己資本比率}
\end{array}
$$

右辺を分数式にすると、次のようになります。

$$
\text{自己資本利益率（\%）}=\frac{\text{利益}}{\text{売上高}}\times\frac{\text{売上高}}{\text{総資本}}\div\frac{\text{自己資本}}{\text{総資本}}
$$

右辺の「$\div\dfrac{\text{自己資本}}{\text{総資本}}$」を掛け算に直すと、次のようになります。

$$
\text{自己資本利益率（\%）}=\frac{\text{利益}}{\text{売上高}}\times\frac{\text{売上高}}{\text{総資本}}\times\frac{\text{総資本}}{\text{自己資本}}
$$

右辺の「売上高」と「総資本」の分母と分子を相殺すると、自己資本利益率の式を導くことができます。

$$
\text{自己資本利益率（\%）}=\frac{\text{利益}}{\text{自己資本}}
$$

> 自己資本利益率は、他人資本の利用状況の影響を受けるため、デュポンシステムが用いられます。

売上高利益率、総資本回転率について、それぞれの要素を改善する（または、自己資本比率を下げる）ことで、自己資本利益率の改善を図ります。

(2) 財務レバレッジを用いる場合

デュポンシステムは次のような式で表す場合もあります。

$$
\begin{array}{l}
\text{自己資本利益率（\%）} \\
\text{＝売上高利益率×総資本回転率×財務レバレッジ …①}
\end{array}
$$

財務レバレッジとは、総資本が自己資本の何倍に達しているかを示す尺度のことです。

財務レバレッジは、自己資本比率の逆数 $\left(= \dfrac{総資本}{自己資本} \right)$ となります。

そのため、①の式の右辺を分数式にすると以下のようになります。

$$自己資本利益率（\%）= \frac{利益}{売上高} \times \frac{売上高}{総資本} \times \frac{総資本}{自己資本}$$

右辺の「売上高」と「総資本」の分母と分子を相殺すると、自己資本利益率の式を導くことができます。

$$自己資本利益率（\%）= \frac{利益}{自己資本}$$

なお、財務レバレッジの比率が高いということは、自己資本比率が低く、他人資本依存度が高いことを示しており、健全性が低いことを意味しています。

> 他人資本を利用することによって、資本利益率を高める（または低める）効果を財務レバレッジ効果といいます。他人資本が企業の収益性を高める（低める）てこ（レバレッジ）の役目を果たしているといえます。

対完成工事高比率

対完成工事高比率とは？

同じ企業だって、忙しい時と暇な時があるよねえ。

じゃあ、活動状況を示す売上をベースに、いろいろな比率を見ていきましょう。

ここまでは、資本と利益の比較をみてきました。

ここからは、売上である完成工事高を、利益、費用、キャッシュ・フローと比較してみましょう。

対完成工事高比率とは

対完成工事高比率とは、企業が一定期間に獲得した完成工事高に対する各種の利益や費用の割合をいいます。

対完成工事高比率の分類

対完成工事高比率は完成工事高と何を比較するかによって、次のように分類できます。

・完成工事高利益率（CASE11）
・完成工事高対費用比率（CASE12）
・完成工事高対キャッシュ・フロー比率（CASE13）

完成工事高利益率

ゴエモン君は、まず、工事の効率性を高めたいと考えました。
工事の効率性を知るためにはどのような分析をすればいいのでしょうか？

> **例** 次の資料にもとづいて、ゴエモン㈱の完成工事高総利益率を計算しなさい（単位：円）。
>
> ［資 料］
>
> | 損益計算書 | |
> |---|---:|
> | 完 成 工 事 高 | 1,000 |
> | 完 成 工 事 原 価 | 700 |
> | 完 成 工 事 総 利 益 | 300 |

● 完成工事高利益率とは

完成工事高利益率とは、完成工事高に対する利益の割合をいい、工事の効率性を示すものです。

$$完成工事高利益率(\%) = \frac{利益}{完成工事高} \times 100$$

● 完成工事高利益率の種類

完成工事高利益率には、次のようなものがあります。

完成工事高利益率 ──── (1)**完成工事高総利益率**
　　　　　　　　　── (2)**完成工事高営業利益率**
　　　　　　　　　── (3)**完成工事高経常利益率**
　　　　　　　　　── (4)**完成工事高当期純利益率**

黒字で書かれた「完成工事高」が分母、赤字で書かれた「○○利益」が分子になると覚えましょう。

(1) 完成工事高総利益率

完成工事高総利益率とは、完成工事高に対する完成工事総利益の割合をいい、取引採算性を示すものです。

$$完成工事高総利益率(\%)=\frac{完成工事総利益}{完成工事高}\times100$$

単に「総利益率」または、「粗利益率」ということもあります。

・・・

したがって、CASE11のゴエモン㈱の完成工事高総利益率は次のようになります。

CASE11の完成工事高総利益率

$$完成工事高総利益率(\%)=\frac{300円}{1,000円}\times100=30\%$$

なお、完成工事高に対する完成工事原価の割合を、**完成工事原価率**といい、完成工事高総利益率とは裏表の関係になります。

完成工事高総利益率と完成工事原価率の合計は、必ず1（100％）になります。

$$完成工事原価率(\%)=\frac{完成工事原価}{完成工事高}\times100$$

・・・

というのは、分析数値が大きければ、それだけ企業にとって、悪い傾向を表します。

(2) 完成工事高営業利益率

完成工事高営業利益率とは、完成工事高に対する営業利益の割合をいい、購入、施工、販売などの企業本来の営業活動による収益性を示します。

$$完成工事高営業利益率（\%）＝\frac{営業利益}{完成工事高}×100$$

・・・ 値が大で

(3) 完成工事高経常利益率

完成工事高経常利益率とは、完成工事高に対する経常利益の割合をいい、企業本来の営業活動および財務活動（経常的な活動）による収益性を示します。

> なお、完成工事高経常利益率と完成工事高営業利益率の差を営業外損益率ということもあります。この営業外損益率は、完成工事高に対する営業外損益の割合をいいます。

$$完成工事高経常利益率（\%）＝\frac{経常利益}{完成工事高}×100$$

・・・ 値が大で

(4) 完成工事高当期純利益率

完成工事高当期純利益率とは、完成工事高に対する当期純利益の割合をいい、企業のすべての活動による収益性を示します。

$$完成工事高当期純利益率（\%）＝\frac{当期純利益}{完成工事高}×100$$

・・・ 値が大で

完成工事高対費用比率

どこに余計な費用が
かかっているか、
一目瞭然!

槍玉にあげられるほうは
イヤですね。

CASE11で完成工事高に対する効率性は計算できましたが、どうすればよくなるのでしょうか?
ここでは、費用ごとに完成工事との関係をみていきます。

例 次の資料にもとづいて、ゴエモン㈱の完成工事高対販売費及び一般管理費率を計算しなさい(単位:円)。

[資　料]

損益計算書

完　成　工　事　高　　　1,000

⋮

販売費及び一般管理費　　　150

完成工事高対費用比率とは

　完成工事高対費用比率とは、完成工事高に対する費用の割合をいい、完成工事高利益率の分析において、さらに詳細な原因分析を行うために用います。

$$完成工事高対費用比率(\%) = \frac{費用}{完成工事高} \times 100$$

完成工事高対費用比率の種類

完成工事高対費用比率には、次のようなものがあります。

完成工事高対費用比率 ── (1)**完成工事高対**販売費及び一般管理費率
　　　　　　　　　　　── (2)**完成工事高対**金融費用率
　　　　　　　　　　　── (3)**完成工事高対**人件費率
　　　　　　　　　　　── (4)**完成工事高対**外注費率

> 黒字で書かれた「完成工事高」が分母、赤字で書かれた「○○費（費用）」が分子になると覚えましょう。

(1)　完成工事高対販売費及び一般管理費率

完成工事高対販売費及び一般管理費率とは、完成工事高に対する販売費及び一般管理費の割合をいい、工事原価に含まれない経費の効率を示すものです。

$$完成工事高対販売費及び一般管理費率(\%) = \frac{販売費及び一般管理費}{完成工事高} \times 100$$

・・・ 値が⼤で

> 完成工事高対販売費及び一般管理費率は、単に販売費及び一般管理費率、完成工事高対一般管理費率ともいいます。

したがって、CASE12のゴエモン㈱の完成工事高対販売費及び一般管理費率は次のようになります。

CASE12の完成工事高対販売費及び一般管理費率

$$完成工事高対販売費及び一般管理費率(\%) = \frac{150 円}{1,000 円} \times 100 = 15\%$$

(2)　完成工事高対金融費用率

完成工事高対金融費用率とは、完成工事高に対する金融費用の割合をいい、一種の金利負担能力を示します。**金融費用**とは、支払利息や社債利息だけではなく社債発行費償却なども含みます。

$$完成工事高対金融費用率(\%)=\frac{金融費用}{完成工事高}\times100$$

分子に、金融費用から金融収益を控除した純金融費用を用いることで、純金利負担率を求めることもできます。なお、金融収益とは、貸付金に対する受取利息、有価証券に対する有価証券利息や受取配当金などをいいます。

・・・ 値が(大)で

(3) 完成工事高対人件費率

　完成工事高対人件費率とは、完成工事高に対する人件費の割合をいい、人件費の効率を示します。ここでいう、人件費とは役員報酬、従業員給料、福利厚生費、退職金などをいいます。

$$完成工事高対人件費率(\%)=\frac{人件費}{完成工事高}\times100$$

・・・ 値が(大)で

　また、工事に従事した直接雇用の作業員に対する賃金・給料などを**労務費**といい、完成工事高との割合を完成工事高対労務費率といいます。

$$完成工事高対労務費率(\%)=\frac{労務費}{完成工事高}\times100$$

・・・ 値が(大)で

(4) 完成工事高対外注費率

　完成工事高対外注費率とは、完成工事高に対する外注費の割合をいいます。

$$完成工事高対外注費率(\%)=\frac{外注費}{完成工事高}\times100$$

・・・ 値が(大)で

完成工事高対キャッシュ・フロー比率

売上が増えるのはいいけど、ちゃんと現金は回収できてる？

うむ…やはり世の中、カネか！

そこまで言わないけどね。

❓ 黒字倒産をふせぐためには、どれだけ現金が増えるのかが重要になります。完成工事高に対する現金獲得の効率性を知るためにはどのような分析をすればいいのでしょうか？

例 次の資料にもとづいて、ゴエモン㈱の完成工事高キャッシュ・フロー率を計算しなさい（単位：円）。

[資料1] 貸借対照表（一部）

	前期	当期
：	：	：
貸 倒 引 当 金	△100	△200
：	：	：
減価償却累計額	△150	△350
資 産 合 計	××	××

[資料2] 損益計算書の情報

(1) 当期の完成工事高は2,000円であった。

(2) 税引後当期純利益は400円であった。

(3) 法人税等調整額は借方に100円が計上されている。

● 完成工事高対キャッシュ・フロー比率とは

　完成工事高対キャッシュ・フロー比率とは、完成工事高に対する純キャッシュ・フローの割合をいい、完成工事高からどれだけキャッシュ・フローが生み出されたかを示すものです。

　完成工事高対キャッシュ・フロー比率の分析には、完成工事高キャッシュ・フロー率があります。

$$完成工事高キャッシュ・フロー率(\%)=\frac{純キャッシュ・フロー}{完成工事高}\times100$$

・・・ 値が 大 で

　純キャッシュ・フローとは、1年間に獲得した純資金流入額をいい、次の式で算定できます。

純キャッシュ・フロー＝税引後当期純利益±法人税等調整額
　　　　　　　　　　　＋当期減価償却実施額＋引当金増減額
　　　　　　　　　　　－剰余金の配当の額

　したがって、CASE13の完成工事高キャッシュ・フロー率は次のようになります。

CASE13の完成工事高キャッシュ・フロー率

純キャッシュ・フロー：400円＋100円＋200円＋100円

　　　　　　　　　　税引後　　法人税等　　当期の　　　引当金
　　　　　　　　　当期純利益　調整額（借方）　減価償却費　　増加

$$=800円$$

完成工事高キャッシュ・フロー率（％）：$\dfrac{800円}{2,000円}\times100=40\%$

CASE 14

損益分岐点分析

CVP分析

Cost・Volume・Profit 分析

CVP分析って、実際には どういう場面で役に立つの?

企業は短期的な利益計画を策定する必要があります。その際に役立つCVP分析というものがあるのですが、それはどういうものなのでしょうか?

建設業において**営業量**となるものは、主に**完成工事高**です。

CVP分析とは

CVP分析とは、Cost（原価）、Volume（営業量）、Profit（利益）の相関関係を分析するものです。

企業の利益獲得能力を知ることができるので、短期利益計画に役立ちます。

損益分岐点とは

損益分岐点とは、CVP分析を行うなかで、収益と費用が等しくなり、利益がゼロになる点のことです。この損益分岐点を求める手法を損益分岐点分析といいます。

建設業における損益分岐点は、次の算式を満たす均衡点をいいます。

> 完成工事高＝工事原価＋一般管理費その他の関係費用

原価の固変分解

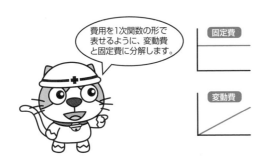

費用を1次関数の形で
表せるように、変動費
と固定費に分解します。

固定費

変動費

CVP分析を実施する
ためには、費用を1
次関数（グラフ）の形で表
す必要があります。
そのために、原価を固定費
と変動費に分けるのですが、
どのような方法で分けるの
でしょうか？

例 次の資料から、高低2点法を使って1時間あたりの変動費と、1カ
月の固定費を計算しなさい。

［資 料］

	作業時間	費用
1 月	5時間	1,000円
2 月	6時間	1,050円

原価の固変分解とは

　原価の固変分解とは、原価（総費用）を変動費と固定費に分
解することをいい、損益分岐点分析を行ううえで必要になりま
す。

変動費	操業度に比例して変動する費用 （材料費など）
固定費	操業度とは無関係に一定額が発生する費用 （減価償却費など）

変動費をアクティ
ビティ・コスト、
固定費をキャパシ
ティ・コストとも
いいます。

原価の固変分解の方法

原価の固変分解には次のような方法があります。

原価の固変分解の方法
(1)　高低2点法（変動費率法）
(2)　勘定科目精査法
(3)　スキャッターグラフ法（散布図表法）
(4)　最小自乗法

(1)　高低2点法（変動費率法）

総費用を一括して固変分解する方法を総費用法、個々の費用ごとに分解する方法を個別費用法といいます。

高低2点法とは、2つの異なる操業度とそれぞれの場合における費用を比較し、その差額の推移から、費用を変動費と固定費に分解する方法です。

CASE15を作業時間と費用の関係のグラフにすると、次のようになります。

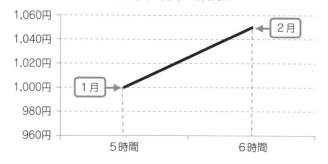

作業時間と費用の相関関係

このグラフの傾きが1時間あたりの変動費となり、0時間のときにも発生している費用が固定費になります。

CASE15の1時間あたりの変動費と1カ月の固定費

1時間あたりの変動費：（1,050円－1,000円）

　　　　　　　　÷（6時間－5時間）＝50円

固定費：1,000円－50円×5時間＝750円

　　　　または、1,050円－50円×6時間＝750円

⑵ 勘定科目精査法

勘定科目精査法とは、勘定科目ごとに内容を精査し、費用を変動費と固定費とに分解する方法です。

⑶ スキャッターグラフ法（散布図表法）

スキャッターグラフ法とは、複数の操業度に対応する費用の実績値をグラフに記入し、それらの中心を通る直線を目分量で引くことにより、費用を変動費と固定費とに分解する方法です。

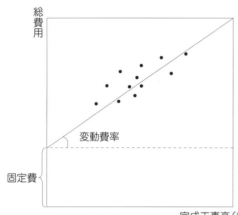

⑷ 最小自乗法

最小自乗法とは、過去の操業度と費用の実績データに数学的な処理を加えることにより、費用を変動費と固定費とに分解する方法です。

限界利益と限界利益率

結局、売上が増えると利益はどのくらい増えているんですか？

当社の限界利益率を計算してみましょう。

CVP分析を行うためには、限界利益というものがとても重要になってくるそうです。
限界利益とはどのようなものなのでしょうか？

例 当期のゴエモン㈱の完成工事高は1,000円であった。変動費が600円のとき、限界利益と限界利益率を求めなさい。

● 限界利益とは

限界利益とは、完成工事高から変動費を控除したものをいいます。

> 限界利益 ＝ 完成工事高 － 変動費

また、完成工事高と利益の関係を算式にすると次のようになります。

> 利 益 ＝ 完成工事高 － 変動費 － 固定費

この算式を変形すると、次のような算式になり、限界利益から固定費が回収されるとその残りが利益となるということがわかります。

> 利 益 ＝ 限界利益 － 固定費

限界利益率とは

限界利益率とは、完成工事高に対する限界利益の割合をい
い、これを算式によって示すと次のようになります。

$$限界利益率＝\frac{限界利益}{完成工事高}$$

 ・・・ 値が大で

したがって、CASE16は次のようになります。

CASE16の限界利益と限界利益率

限界利益：1,000円－600円＝400円

限界利益率：$\frac{400円}{1,000円}＝0.4$

また、**変動費率**とは、完成工事高に対する変動費の割合をい
い、これと限界利益率との関係を算式によって示すと次のよう
になります。

$$
\begin{aligned}
限界利益率 &＝\frac{完成工事高－変動費}{完成工事高}\\
&＝1－\frac{変動費}{完成工事高}\\
&＝1－変動費率
\end{aligned}
$$

> CASE16にあては
> めると変動費率が
> 0.6となり、1か
> ら変動費率0.6を
> マイナスすると、
> 限界利益率0.4が
> 算定されます。

損益分岐点完成工事高の算定

企業は赤字が続くと倒産してしまうため、黒字化を目指します。

その際、目標として用いられるのが損益分岐点完成工事高です。

例 次の資料にもとづいて、ゴエモン㈱の損益分岐点完成工事高を計算しなさい（単位：円）。

［資　料］

損益計算書（一部）	
完成工事高	1,000
変　動　費	750
限　界　利　益	250
固　定　費	150
営　業　利　益	100

本試験では、この例のように、変動費と固定費が別々に書かれた損益計算書が出されることもあります。

損益分岐点完成工事高とは

損益分岐点完成工事高とは、利益がゼロとなるような完成工事高をいいます。

完成工事高　−　変動費　−　固定費　＝　0

この計算式を変形すると、

$$\text{完成工事高} \quad - \quad \text{変動費} \quad = \quad \text{固定費}$$

この式の左辺を完成工事高でくくると、

$$\text{完成工事高} \times \left(1 - \dfrac{\text{変動費}}{\text{完成工事高}}\right) = \text{固定費}$$

この式の両辺を、$\left(1 - \dfrac{\text{変動費}}{\text{完成工事高}}\right)$ で割ると、次のような式になります。

$$
\begin{aligned}
\text{損益分岐点完成工事高} &= \dfrac{\text{固定費}}{1 - \dfrac{\text{変動費}}{\text{完成工事高}}} \\[2mm]
&= \dfrac{\text{固定費}}{1 - \text{変動費率}} \\[2mm]
&= \dfrac{\text{固定費}}{\text{限界利益率}}
\end{aligned}
$$

・・・  値が ⓐ で

したがって、CASE17の損益分岐点完成工事高は次のようになります。

CASE17の損益分岐点完成工事高

変動費率：$\dfrac{750\,\text{円}}{1{,}000\,\text{円}} = 0.75$

限界利益率：$1 - 0.75 = 0.25$

損益分岐点完成工事高：$\dfrac{150\,\text{円}}{0.25} = 600\,\text{円}$

損益分岐点図表（利益図表）

損益分岐点図表とは、損益分岐点と限界利益の状況を図表化したものです。限界利益が固定費を回収していく状況と、損益分岐点以降に利益が増えていく状況を把握することができます。

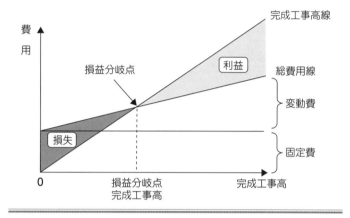

損益分岐点分析の発展

損益分岐点分析を使えば、目標とする利益をあげるために必要な完成工事高を求めることができます。どのように求めるのでしょうか？

> **例** CASE17の資料にもとづいて、営業利益500円を達成する完成工事高を計算しなさい。また、安全余裕率と損益分岐点比率を計算しなさい。なお、端数が生じた場合は、小数点第3位を四捨五入すること。

損益分岐点分析の発展

損益分岐点分析は、次のように発展させることで、短期利益計画に役立てることができます。

(1) 目標利益達成の完成工事高の算定

損益分岐点完成工事高では利益がゼロとなる完成工事高を求めましたが、目標利益額を代入して計算することで、目標利益を達成する完成工事高を算定することができます。

> **完成工事高 － 変動費 － 固定費 ＝ 目標利益**

CASE17と同じように式を変形させていくと次のようになります。

$$\boxed{完成工事高 \quad - \quad 変動費 \quad = \quad 固定費 \quad + \quad 目標利益}$$

$$\boxed{完成工事高 \times \left(1 - \dfrac{変動費}{完成工事高}\right) = 固定費 + 目標利益}$$

$$
\begin{aligned}
目標利益達成の完成工事高 &= \dfrac{固定費 + 目標利益}{1 - \dfrac{変動費}{完成工事高}} \\[2ex]
&= \dfrac{固定費 + 目標利益}{1 - 変動費率} \\[2ex]
&= \dfrac{固定費 + 目標利益}{限界利益率}
\end{aligned}
$$

$\cdots$ 値が大で

したがって、CASE18の完成工事高は次のようになります。

CASE18の目標利益達成の完成工事高

限界利益率：0.25（CASE17と同様）

目標利益達成の完成工事高：$\dfrac{150円 + 500円}{0.25} = 2{,}600円$

つまり、完成工事高が2,600円のときに営業利益が500円となります。

(2) 安全余裕率（安全率、MS比率）

安全余裕率とは、完成工事高が損益分岐点完成工事高から、どれくらい離れているかを示す比率をいいます。具体的には、次の2つの算定方法があります。

〈第1法〉

　一般的に実際（あるいは予定）の完成工事高に対する安全余裕額の割合

〈第1法〉
$$\text{安全余裕率(\%)} = \frac{\text{安全余裕額}}{\text{実際(あるいは予定)の完成工事高}} \times 100$$

・・・ 値が大で

なお、この安全余裕額とは、実際（あるいは予定）の完成工事高から損益分岐点完成工事高を控除したものをいいます。

安全余裕額＝実際(あるいは予定)の完成工事高－損益分岐点完成工事高

〈第2法〉
　　　損益分岐点完成工事高に対する実際（あるいは予定）の完成工事高の割合

〈第2法〉
$$\text{安全余裕率(\%)} = \frac{\text{実際(あるいは予定)の完成工事高}}{\text{損益分岐点完成工事高}} \times 100$$

・・・ 値が大で

この安全余裕率は、実際（あるいは予定）の完成工事高が損益分岐点完成工事高をどの程度上回っているかを示しています。

(3) **損益分岐点比率**
　損益分岐点比率とは、実際（あるいは予定）の完成工事高に対する損益分岐点完成工事高の割合をいいます。

$$\text{損益分岐点比率(\%)} = \frac{\text{損益分岐点完成工事高}}{\text{実際(あるいは予定)の完成工事高}} \times 100$$

・・・ 値が大で

なお、損益分岐点比率と安全余裕率の関係は次のようになります。

〈第1法〉

　　安全余裕率＝1－損益分岐点比率

〈第2法〉

　　安全余裕率＝$\dfrac{1}{損益分岐点比率}$

　したがって、CASE18の安全余裕率と損益分岐点比率は次のようになります。

CASE18の安全余裕率と損益分岐点比率

〈第1法〉

　安全余裕額：1,000円－600円＝400円

　安全余裕率：$\dfrac{400円}{1,000円}=0.4$

　損益分岐点比率：$\dfrac{600円}{1,000円}=0.6$

〈第2法〉

　安全余裕率：$\dfrac{1,000円}{600円}≒1.67$

　損益分岐点比率：$\dfrac{600円}{1,000円}=0.6$

安全余裕率と損益分岐点比率を合計すると、1になりますね。

公式から、安全余裕率＝$\dfrac{1}{0.6}≒1.67$と求めることもできます。

建設業の損益分岐点分析

うまく固変分解できない費用があるよ！

今回は手を抜いて簡単にやっちゃいましょう。

建設業を営む会社は、他の事業会社と異なる特徴があります。

そのため、損益分岐点分析にも建設業ならではの方法があるようです。

> **例** 次の資料にもとづいて、ゴエモン㈱の損益分岐点比率を計算しなさい（単位：円）。

［資　料］

損益計算書（一部）

⋮	
完成工事総利益	1,000
⋮	
販売費及び一般管理費	200
営業外収益	
受取利息	200
営業外費用	
支払利息	400
⋮	

● 建設業の慣行的な変動費および固定費

　建設業の損益分岐点分析では、固変分解を簡便的に行うため、完成工事原価のすべてを変動費とし、販売費及び一般管理費を固定費とすることがあります。

> 工事の遂行に直接的に関与するものを変動費、間接的に関与するものを固定費と考えているからです。

また、建設業では、資金調達の重要性を加味するため、経常利益段階での損益分岐点分析を行う慣行があります。

　したがって、建設業の慣行的な変動費および固定費の分類は次のようになります。

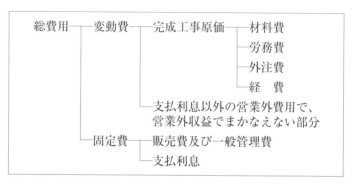

建設業の損益分岐点比率の算定

　損益分岐点比率はCASE18でも学習しましたが、ここでは、建設業の慣行的な変動費および固定費を前提とした場合の算定方法をみてみましょう。

$$損益分岐点比率(\%) = \frac{販売費及び一般管理費＋支払利息}{完成工事総利益＋営業外損益＋支払利息} \times 100$$

簡便法、別法

・・・　値が大で

営業外損益は、「営業外収益」－「営業外費用」で算定します。
また、簡便的な固変分解にもとづいた計算なので、簡便法や、別法とよびます。

　したがって、CASE19の損益分岐点比率は次のようになります。

CASE19の損益分岐点比率（簡便法）

営業外損益：200円－400円＝△200円

$$損益分岐点比率：\frac{200円＋400円}{1,000円－200円＋400円} = 0.5$$

営業外損益　　支払利息

損益分岐点分析

資本回収点分析

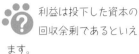 利益は投下した資本の回収余剰であるといえます。

したがって、投下した資本の回収点を把握することは、会社の経営を考えるうえで、重要なことであるといえます。

例 次の資料にもとづいて、ゴエモン㈱の資本回収点完成工事高を計算しなさい（単位：円）。

[資料1] 貸借対照表（一部）

資　産　の　部	
流　動　資　産	1,000
固　定　資　産	1,500
資　産　合　計	2,500

[資料2] その他の情報
(1) 当期の完成工事高は1,000円であった。
(2) 変動的資本は流動資産の50％とする。

資本回収点分析とは

　資本回収点分析とは、損益分岐点分析を応用した分析の一つで、総収益と総資本とが一致する資本の回収または未回収の分岐点などの均衡点を求める分析手法をいいます。

資本の分解

　資本回収点分析を行ううえで、総資本を変動的資本と固定的資本とに分解する必要があります。

　変動的資本とは、操業度の増減に比例して変動する資本をいい、**固定的資本**とは、操業度の増減にかかわらず一定額保有する資本をいいます。

式の構造は損益分
岐点完成工事高と
同じです。

$$資本回収点完成工事高 = \frac{固定的資本}{1 - \dfrac{変動的資本}{完成工事高}}$$

··· 値が大で

したがって、CASE20の資本回収点完成工事高は次のように
なります。

CASE20の資本回収点完成工事高

変動的資本：1,000円 × 50% = 500円

固定的資本：2,500円 - 500円 = 2,000円

$$資本回収点完成工事高：\frac{2,000円}{1 - \dfrac{500円}{1,000円}} = 4,000円$$

資本図表

資本図表とは、資本回収点と資本の回収状況を図表化したもの
です。固定的資本を回収していく状況と、資本回収点を超えると
資本（回収余剰）が増えていく状況を把握することができます。

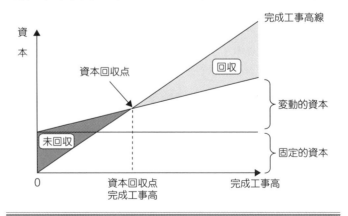

第3章

安全性分析

会社の支払い能力は十分でしょうか?

安全性分析を行い、
企業の財務的安全性に関して
分析していきましょう。

安全性分析とは？

い、いまちょっと、手許になくて…。

給料まだかな～?

株主配当はいくら出るのかしら?

利息を払ってください。

買掛金払ってよ～。

ゴエモン㈱では順調に収益を伸ばしています。しかし、負債が多く、その支払いに関する資金繰りに関してゴエモン君は少し不安になっています。そこで、会社の財務的安全性に関して分析することにしました。

● 安全性分析とは

安全性分析とは、一般的に企業の支払能力を分析することをいいます。

● 安全性分析と収益性分析の関係

企業の中心的な目標は、投下資本に対する利益の極大化ですが、いかに収益性が高かったとしても、資金繰りが悪ければ、黒字倒産に陥ることもあります。

したがって、安全性と収益性とは、継続的に表裏一体の関係を確保すべき財務分析の2大指標であるといえます。

安全性分析

安全性分析の区分

わが社は
安全第一です！

意味が違います。

会社の安全性分析を調べることになったゴエモン君ですが、どのようなことを分析すればいいのでしょうか？
ここでは、安全性分析がどのように区分できるかみていきます。

安全性分析の区分

安全性分析には、次のようなものがあります。

安全性分析の区分

● 流動性分析
　　企業の短期的な支払能力の分析
● 健全性分析
　　資本の調達と運用における財務バランスの良否の分析
● 資金変動性分析
　　資金のフローの分析

CASE 23

流動性分析とは？

まずは、流動性分析における主な指標についてみていきましょう。

流動性分析とは

　流動性分析とは、企業の短期的な支払能力を分析することをいいます。短期的な支払能力は、短期的な支払義務に対してどのくらいの支払手段を保有しているかの状況によって示されます。

　つまり、貸借対照表上の流動資産と流動負債のバランスとして分析されます。

　なお、流動性分析は次のように分類できます。

> ・関　係　比　率　分　析　（CASE24）
> ・資金保有月数分析　（CASE30）
> ・資産滞留月数分析　（CASE33）

関係比率分析（特殊比率分析）とは？

皆さん心配
しないでください！

ゴエモン㈱の
支払能力を分析
してみよう。

本当にお金を貸して
いて大丈夫かな？

早く回収
したほうがいい
かも？

流動性分析のなかでも、
関係比率分析（特殊比
率分析）とはどのような分析
をするのでしょうか？
ここでは、関係比率分析（特
殊比率分析）についてみてみ
ましょう。

● 関係比率分析（特殊比率分析）とは

　流動性分析における関係比率分析とは、主として流動資産あ
るいはその特定項目と流動負債あるいはその特定項目との比率
を測定し、企業の短期的な支払能力を分析することをいいま
す。

● 関係比率分析（特殊比率分析）の種類

　流動性分析における関係比率分析には、次のようなものがあ
ります。

関係比率分析
（特殊比率分析）
- 流動比率
- 当座比率
- 営業キャッシュ・フロー対流動負債比率
- 未成工事収支比率
- 立替工事高比率
- 流動負債比率

流動比率と当座比率

ウチは優良企業です！
決して心配はいりません！

流動資産を売れば
流動負債の支払いに
充てられるわよね？

ここでは、流動性分析
（関係比率分析）のな
かでも流動比率、当座比率に
ついてみていきましょう。

例 次の資料にもとづいて、流動比率と当座比率を算定しなさい（単位：円）。

[資　料]

貸借対照表の一部

借　　方		貸　　方	
現 金 預 金	500	支 払 手 形	300
完成工事未収入金	3,500	工 事 未 払 金	1,200
未 成 工 事 支 出 金	2,600	未 成 工 事 受 入 金	1,500
そ の 他 流 動 資 産	2,400	そ の 他 流 動 負 債	1,000
流 動 資 産 合 計	9,000	流 動 負 債 合 計	4,000

流動比率は、企業
の短期的な支払能
力を示し、200%
以上が望ましいと
されています。

流動比率とは

流動比率とは、流動負債に対する流動資産の割合をいいます。

$$流動比率（\%）＝\frac{流動資産}{流動負債}×100$$

・・・ 値が大で

建設業における流動比率

建設業では、流動資産の一部である未成工事支出金および流動負債の一部である未成工事受入金が巨額なので、この影響を排除するために、これらを控除して流動比率を算定します。

$$\text{建設業における} \atop \text{流動比率（%）} = \frac{\text{流動資産} - \text{未成工事支出金}}{\text{流動負債} - \text{未成工事受入金}} \times 100$$

・・・ 値が㊁で

したがって、CASE25の流動比率は次のようになります。

CASE25の流動比率

建設業における流動比率：$\dfrac{9,000\text{円} - 2,600\text{円}}{4,000\text{円} - 1,500\text{円}} \times 100 = 256\%$

一般的な流動比率：$\dfrac{9,000\text{円}}{4,000\text{円}} \times 100 = 225\%$

流動比率は200%以上となり、望ましい数値であると考えられます。

当座比率（酸性試験比率）

当座比率とは、流動負債に対する当座資産の割合をいいます。この当座比率は流動比率よりも確実性の高い支払能力を示します。

このように確実性の高い支払能力、すなわち流動性の純度を示すことから酸性試験比率ともいいます。

> 当座比率は、100％以上が望ましいとされています。

$$\text{当座比率（%）} = \frac{\text{当座資産}}{\text{流動負債}} \times 100$$

・・・ 値が㊁で

建設業における当座比率

建設業では、流動比率の場合と同じ理由で、未成工事受入金を控除して当座比率を算定します。

$$建設業における当座比率(\%)=\frac{当座資産}{流動負債-未成工事受入金}\times100$$

・・・値が大で

当座資産とは、流動資産から換金性の低い棚卸資産などを控除した、より換金性の高い流動資産をいいます。

当座資産＝現金預金＋{受取手形（割引分、裏書分を除く）
＋完成工事未収入金－それらを対象とする貸倒
引当金}＋有価証券

したがって、CASE25の当座比率は次のようになります。

CASE25の当座比率

当座資産：$(500円+3,500円)=4,000円$

建設業における当座比率：$\dfrac{4,000円}{4,000円-1,500円}\times100=160\%$

一般的な当座比率：$\dfrac{4,000円}{4,000円}\times100=100\%$

当座比率は100％以上となり、望ましい数値であると考えられます。

CASE 26 流動性分析（関係比率分析）

営業キャッシュ・フロー対流動負債比率

ここでは、流動性分析（関係比率分析）のなかでも営業キャッシュ・フロー対流動負債比率についてみていきましょう。

> **例** 次の資料にもとづいて、第2期の営業キャッシュ・フロー対流動負債比率を計算しなさい。なお、期中平均値を使用することが望ましい数値については、そのような処置をすること（単位：円）。
>
> ［資　料］　　　　貸借対照表の一部
>
> | 借　　方 | 第1期 | 第2期 | 貸　　方 | 第1期 | 第2期 |
> |---|---|---|---|---|---|
> | ⋮ | | | ⋮ | | |
> | 流動資産合計 | 2,000 | 1,950 | 流動負債合計 | 2,600 | 2,420 |
>
> なお、当期の営業キャッシュ・フローは3,263円であった。

営業キャッシュ・フロー対流動負債比率とは

　営業キャッシュ・フロー対流動負債比率とは、流動負債に対する営業キャッシュ・フローの割合をいい、営業キャッシュ・フローにより流動負債を返済できる割合を示します。

> 営業キャッシュ・フローとは、企業本来の営業活動による純資金流入額をいいます。

$$\text{営業キャッシュ・フロー}\atop\text{対流動負債比率（％）} = \frac{\text{営業キャッシュ・フロー}}{\text{流動負債}^*} \times 100$$

＊　期中平均値

… 値が⼤で

期中平均値を使うべき場合でも、期末残高を用いる場合もあるため、本試験では問題文の指示に従いましょう。

　分子の営業キャッシュ・フローは一定期間（通常1年間）に獲得した金額であるのに対し、分母の流動負債は一定時点（期首または期末）における金額です。

　そのため、分母の流動負債には期中平均値を用います。

　したがって、CASE26の営業キャッシュ・フロー対流動負債比率は次のようになります。

CASE26の営業キャッシュ・フロー対流動負債比率

流動負債（期中平均値）：(2,600円＋2,420円) ÷ 2 ＝2,510円

営業キャッシュ・フロー対流動負債比率：$\dfrac{3,263円}{2,510円} \times 100 = 130\%$

未成工事収支比率

資金繰り状況は
随時チェックしてますから。

確か、未完成の工事も
いくらか前金で
もらっているはずだよ。

意外に
堅実ね。

次に、流動性分析（関係比率分析）のなかでも未成工事収支比率についてみていきましょう。

例 次の資料にもとづいて、第1期と第2期の未成工事収支比率を計算しなさい（単位：円）。

［資　料］

貸借対照表の一部

借　　方	第1期	第2期	貸　　方	第1期	第2期
未成工事支出金	500	520	未成工事受入金	475	546
⋮			⋮		

未成工事収支比率とは

　未成工事収支比率とは、未成工事支出金に対する未成工事受入金の割合をいい、未成工事受入金対未成工事支出金比率ともいいます。

　これは、現在進行中の工事に関する固有の支払能力（資金の立替状況）を示しています。

> 未成工事収支比率は、100%以上が望ましいとされています。

$$未成工事収支比率(\%)＝\frac{未成工事受入金}{未成工事支出金}×100$$

··· 値が㋐で😺

したがって、CASE27の未成工事収支比率は次のようになります。

CASE27の未成工事収支比率

第1期

未成工事収支比率：$\dfrac{475\text{円}}{500\text{円}} \times 100 = 95\%$

第2期

未成工事収支比率：$\dfrac{546\text{円}}{520\text{円}} \times 100 = 105\%$

第1期の未成工事収支比率は100%を下回っていましたが、第2期になると100%を超えて望ましい数値になったので、支払能力が良好になっているということがわかります。

流動性分析（関係比率分析）

立替工事高比率

それは取引の力関係が大きく影響するよね。

工事に関わる立替状況を見てみるわ。

続いて、流動性分析（関係比率分析）のなかでも立替工事高比率についてみていきましょう。

例 次の資料にもとづいて、立替工事高比率を算定しなさい（単位：円）。

［資 料］

貸借対照表の一部

借　　　方		貸　　　方	
受　取　手　形	1,200	支　払　手　形	300
完成工事未収入金	3,500	未成工事受入金	1,700
未成工事支出金	2,600		

なお、当期の完成工事高は5,400円である。

立替工事高比率とは

立替工事高比率とは、現在進行中の工事だけでなく、完成・引渡済みの工事をも含めた工事全般に関する支払能力（資金立替状況）を示しています。

この比率が大きい場合には、工事全般に関する資金の滞りが高いことを意味します。

立替工事高比率（%）

$$= \frac{受取手形＋完成工事未収入金＋未成工事支出金－未成工事受入金}{完成工事高＋未成工事支出金} \times 100$$

・・・ 値が⼤で

したがって、CASE28の立替工事高比率は次のようになります。

CASE28の立替工事高比率

立替工事高比率：

$$\frac{1,200\,円 + 3,500\,円 + 2,600\,円 - 1,700\,円}{5,400\,円 + 2,600\,円} \times 100 = 70\%$$

● 未成工事収支比率と立替工事高比率

未成工事収支比率（CASE27）は、現在進行中の工事に関する立替状況を分析する比率です。

一方、立替工事高比率（CASE28）は、現在進行中の工事だけではなく、すでに完成・引渡しをした工事をも含めた工事関連の資金立替状況を示しています。

流動性分析（関係比率分析）

流動負債比率

本当に大丈夫なの？

流動負債は多いですが
自己資本も充実して
おりますので。

関係比率分析の最後と
して、流動負債比率に
ついてみていきましょう。

例 次の資料にもとづいて、流動負債比率を算定しなさい（単位：円）。

［資　料］

貸借対照表の一部

負　債　の　部

未成工事受入金	200
：	
流動負債合計	400
：	
固定負債合計	600
負　債　合　計	1,000

純　資　産　の　部

資　　本　　金	1,500
：	
純資産合計	2,000

流動負債比率とは

　流動負債比率とは、自己資本に対する流動負債の割合をいいます。

$$流動負債比率(\%) = \frac{流動負債}{自己資本} \times 100$$

・・・値が (大) で

● **建設業における流動負債比率**

　また、建設業では、CASE25で学習した流動比率の場合と同じ理由により、未成工事受入金を控除して流動負債比率を算定するのが一般的です。

建設業では、巨額な未成工事支出金と未成工事受入金の影響を排除します。

$$建設業における 流動負債比率(\%) = \frac{流動負債 - 未成工事受入金}{自己資本} \times 100$$

・・・値が (大) で

　なお、流動負債を含む他人資本は、自己資本を上回らないほうが望ましいのですが、建設業では、生産物が比較的巨額であり、生産期間（工事期間）が長期なので、他産業と比較して自己資本に対する流動負債の割合が高くなる傾向にあります。

CASE29の流動負債比率

　建設業における流動負債比率は次のようになります。

建設業における流動負債比率：$\dfrac{400円 - 200円}{2,000円} \times 100$

$= 10\%$

また、一般的な流動負債比率では、次のようになります。

一般的な流動負債比率：$\dfrac{400円}{2,000円} \times 100 = 20\%$

資金保有月数分析とは？

だいぶ資金が
貯まってきたぞ。

ここまでは、流動性分析における関係比率性分析をみてきました。ここからは、流動性分析の資金保有月数分析についてみていきましょう。

資金保有月数分析とは

資金保有月数分析とは、流動性分析の一種で、資金の保有程度を月数により測定し、その余裕度合いを分析することをいいます。

流動性分析における資金保有月数分析の種類

流動性分析における資金保有月数分析には、次のようなものがあります。

資金保有月数分析 ── 運転資本保有月数
　　　　　　　　　└─ 現金預金手持月数

運転資本保有月数

流動比率や当座比率は
企業の短期的な安全性
をはかる指標ですが、運転資
本保有月数はさらに短期的な
安全性をはかる指標です。

例 次の資料にもとづいて、運転資本保有月数を算定しなさい。なお、
会計期間は4月1日から3月31日である（単位：円）。

[資　料]

貸借対照表の一部

借　　方		貸　　方	
流 動 資 産	6,000	流 動 負 債	4,000
固 定 資 産	4,000	固 定 負 債	3,000

なお、当期の完成工事高は9,600円である。

● 運転資本保有月数とは

運転資本保有月数とは、完成工事高（1カ月分）に対する運
転資本（運転資金ともいいます）の割合をいい、企業の短期的
支払能力を示します。

完成工事高が1年
分の場合は、12
で割って1カ月分
にする必要があり
ます。

$$運転資本保有月数（月）＝\frac{運転資本}{完成工事高÷12}$$

… 値が大で

運転資本とは

運転資本とは、企業の経常的な経営活動を円滑に遂行するために必要な資金をいいます。

流動資産の総額を運転資本とする場合もありますが、財務分析では、流動資産から流動負債を控除した正味運転資本を意味する場合が多いです。

> 運転資本(円)＝流動資産－流動負債

したがって、CASE31の運転資本保有月数は次のようになります。

CASE31の運転資本保有月数

運転資本：6,000円－4,000円＝2,000円

運転資本保有月数：$\dfrac{2,000 円}{9,600 円 \div 12 カ月} = 2.5 カ月$

流動性分析（資金保有月数分析）

現金預金手持月数

運転資本保有月数より
も、確実性の高い支払
能力を示すものとして現金預
金手持月数があります。

例 次の資料にもとづいて、第1期と第2期の現金預金手持月数を算定しなさい。なお、会計期間は4月1日から3月31日である（単位：円）。

［資　料］

貸借対照表の一部

	第1期	第2期
現 金 預 金	1,600	2,400

なお、完成工事高は第1期、第2期ともに9,600円である。

● 現金預金手持月数とは

　現金預金手持月数とは、完成工事高（1カ月分）に対する現金預金の割合をいい、完成工事高の何カ月分の現金預金を持っているかを示しています。

　もっとも確実な支払手段である現金預金の手許保有にもとづいているので、運転資本保有月数よりも、より確実性の高い支払能力を示しているといえます。

$$現金預金手持月数（月）＝\frac{現金預金}{完成工事高÷12}$$

・・・　値が大で

第1期

現金預金手持月数：$\dfrac{1,600\,円}{9,600\,円 \div 12\,カ月} = 2\,カ月$

第2期

現金預金手持月数：$\dfrac{2,400\,円}{9,600\,円 \div 12\,カ月} = 3\,カ月$

　第1期に比べ、第2期では完成工事高に対する現金預金の保有割合が増えているため、良好であるといえます。

●現金預金手持月数と類似する比率

　現金預金手持月数と類似する比率として、**現金比率**と**現金預金比率**があります。

　これらの比率は、CASE25の流動比率の分子を、流動資産のうち現金または現金預金に限定したものなので、流動比率の内訳比率といえます。

> 建設業では、未成工事受入金は巨額なため、流動負債から控除して計算します。

$$現金比率(\%) = \frac{現金}{流動負債} \times 100$$

・・・ 値が（大）で

$$現金預金比率(\%) = \frac{現金預金}{流動負債} \times 100$$

・・・ 値が（大）で

資産滞留月数分析とは？

流動性分析も
これで最後！

流動性分析も残すは資産滞留月数分析だけになりました。
それでは、資産滞留月数分析とはどのような分析なのか、みてみましょう。

資産滞留月数分析とは

資産滞留月数分析とは、支払資金の圧迫要因となる特定項目の滞留程度を月数により測定し、その滞留度合いを分析することをいいます。

流動性分析における資産滞留月数分析の種類

流動性分析における資産滞留月数分析には、次のようなものがあります。

```
資産滞留月数分析 ──┬── 受取勘定滞留月数
                  ├── 完成工事未収入金滞留月数
                  ├── 棚卸資産滞留月数
                  └── 必要運転資金滞留月数
```

CASE 34 流動性分析（資産滞留月数分析）

受取勘定滞留月数と完成工事未収入金滞留月数

これだけ資産があれば、安心だね！

え!?

回収できない債権ばかりですが…。

ここでは、債権の回収期間について学習します。

基本的には回収期間が短いほど安全性が良好であるといえます。

例 次の資料にもとづいて、第1期と第2期の受取勘定滞留月数と完成工事未収入金滞留月数を算定しなさい。なお、会計期間は4月1日から3月31日である（単位：円）。

［資　料］

貸借対照表の一部

	第1期	第2期
受　取　手　形	600	1,200
完成工事未収入金	1,000	600

なお、完成工事高は第1期、第2期ともに9,600円である。

受取勘定滞留月数（受取勘定月商倍率）とは

　受取勘定滞留月数とは、完成工事高（1カ月分）に対する受取勘定の割合をいい、受取勘定の回収期間を示しています。

> 経営事項審査では、受取勘定月商倍率とよびます。

$$受取勘定滞留月数（月）＝\frac{受取手形＋完成工事未収入金}{完成工事高÷12}$$

・・・　値が大で　

したがって、CASE34の受取勘定滞留月数は次のようになります。

CASE34の受取勘定滞留月数

第1期

$$受取勘定滞留月数：\frac{600円 + 1,000円}{9,600円 \div 12カ月} = 2カ月$$

第2期

$$受取勘定滞留月数：\frac{1,200円 + 600円}{9,600円 \div 12カ月} = 2.25カ月$$

第1期に比べて、第2期は受取勘定の回収期間が長期化しているため、安全性は良好ではないといえます。

● 完成工事未収入金滞留月数とは

完成工事未収入金滞留月数とは、完成工事高（1カ月分）に対する完成工事未収入金の割合をいい、完成工事未収入金の回収期間を示しています。

$$完成工事未収入金滞留月数(月) = \frac{完成工事未収入金}{完成工事高 \div 12}$$

・・・ 値が大で

<aside>完成工事未収入金滞留月数は、受取勘定滞留月数の分子を完成工事未収入金に限定したものです。</aside>

したがって、CASE34の完成工事未収入金滞留月数は次のようになります。

CASE34の完成工事未収入金滞留月数

第1期

$$完成工事未収入金滞留月数：\frac{1,000円}{9,600円 \div 12カ月} = 1.25カ月$$

第2期

$$完成工事未収入金滞留月数：\frac{600円}{9,600円 \div 12カ月} = 0.75カ月$$

第1期に比べて、第2期は完成工事未収入金滞留月数が短くなっているので、安全性は良好であるといえます。

流動性分析（資産滞留月数分析）

棚卸資産滞留月数

また雨なの？
工事は中断かなぁ。

未完成のままで
滞留している工事が
また増える…。

ここでは、棚卸資産の
滞留状況について学習
します。基本的には棚卸資産
滞留月数が短ければ、財政状
態は良好であるといえます。

例 次の資料にもとづいて、棚卸資産滞留月数を算定しなさい。なお、
会計期間は4月1日から3月31日である（単位：円）。

［資　料］

貸借対照表の一部

借　　方	
未 成 工 事 支 出 金	1,200
材 料 貯 蔵 品	800

なお、当期の完成工事高は9,600円である。

棚卸資産滞留月数とは

棚卸資産滞留月数とは、完成工事高（1カ月分）に対する棚卸資産の割合をいい、棚卸資産が完成工事高となるまでの期間を示しています。

> 棚卸資産とは、未成工事支出金と材料貯蔵品をいいます。

$$棚卸資産滞留月数（月）＝\frac{棚卸資産}{完成工事高÷12}$$

··· 値が大で

したがって、CASE35の棚卸資産滞留月数は次のようになります。

CASE35の棚卸資産滞留月数

棚卸資産：1,200円＋800円＝2,000円

棚卸資産滞留月数：$\dfrac{2{,}000 円}{9{,}600 円 \div 12 カ月} = 2.5 カ月$

CASE 36

流動性分析（資産滞留月数分析）

必要運転資金滞留月数

ここでは、必要運転資金の滞留状況について学習します。

基本的には、必要運転資金滞留月数が短ければ、財政状態は良好といえます。

例 次の資料にもとづいて、必要運転資金滞留月数を算定しなさい。なお、会計期間は4月1日から3月31日である（単位：円）。

[資 料]

貸借対照表の一部

借　　方		貸　　方	
受　取　手　形	2,000	支　払　手　形	1,500
完成工事未収入金	6,000	工　事　未　払　金	2,500
未成工事支出金	1,800	未成工事受入金	1,000

なお、当期の完成工事高は9,600円である。

必要運転資金とは

必要運転資金とは、営業活動に必要な正味運転資本（運転資金）をいいます。

具体的には、受取手形・完成工事未収入金・未成工事支出金から、支払手形・工事未払金・未成工事受入金を引いた額が必要運転資金となります。

> 必要運転資金＝受取手形＋完成工事未収入金＋未成工事支出金
> 　　　　　　　－支払手形－工事未払金－未成工事受入金

必要運転資金滞留
月数は、必要運転
資金月商倍率とも
いいます。

必要運転資金滞留月数とは

　必要運転資金滞留月数とは、完成工事高（1カ月分）に対する必要運転資金の割合をいい、何カ月分の完成工事高に相当する必要運転資金があるかを示しています。

$$必要運転資金滞留月数(月)＝\frac{必要運転資金}{完成工事高÷12}$$

・・・ 値が大で

　したがって、CASE36の必要運転資金滞留月数は次のようになります。

CASE36の必要運転資金滞留月数

　必要運転資金：2,000円＋6,000円＋1,800円－1,500円
　　　　　　　　－2,500円－1,000円＝4,800円

　必要運転資金滞留月数：$\dfrac{4,800円}{9,600円÷12カ月}＝6カ月$

健全性分析とは？

ウチの会社は
大丈夫なんですか…？

申し上げにくいが
…存続は難しい
じゃろうな。

「健全な財務体質」と
表現することがありま
す。この健全な財務体質とは
どういうことなのでしょう
か？
ここからは、健全性分析にお
ける各指標についてみていき
ましょう。

健全性分析とは

健全性分析とは、資本の調達と運用における財務バランスの
良否を分析することをいいます。この健全性分析は次のように
分類されます。

> ・資本構造分析（CASE38〜43）
> ・投資構造分析（CASE44、45）
> ・利益分配性向分析（CASE46〜47）

CASE 38

資本構造分析とは？

まずは資本構造分析！

健全性分析には、自己資本と他人資本のバランスを分析する資本構造分析というものがあります。
ここでは、資本構造分析における各指標からみてみましょう。

資本構造分析とは

資本構造分析とは、資本の調達面において、主として自己資本と他人資本のバランスの良否を分析することをいいます。

健全性分析における資本構造分析の種類

健全性分析における資本構造分析には、次のようなものがあります。

```
資本構造分析 ┬─ 自己資本比率
             ├─ 負債比率
             ├─ 固定負債比率
             ├─ 営業キャッシュ・フロー対負債比率
             ├─ 借入金依存度
             ├─ 有利子負債月商倍率
             └─ 金利負担能力（インタレスト・カバレッジ）
```

健全性分析（資本構造分析）

自己資本比率

自己資本比率から
何がわかるんだろう。

ここでは、自己資本比
率について学習します。
自己資本比率は長期的な安全
性をはかる指標で、大きけれ
ば財務状態は長期的にみて良
好であるといえます。

例 次の資料にもとづいて、自己資本比率を算定しなさい（単位：円）。

［資　料］

貸借対照表の一部

借　　方		貸　　方	
流　動　資　産	2,500	負　　　　　債	3,500
固　定　資　産	2,000	資　本　金	1,000
繰　延　資　産	500	新　株　予　約　権	500
資産合計	5,000	負債・純資産合計	5,000

自己資本比率とは

　自己資本比率とは、総資本に対する自己資本の割合をいい、
自己資本の蓄積度合いを示します。

$$自己資本比率(\%)=\frac{自己資本}{総資本}\times100$$

・・・ 値が⼤で

自己資本比率の値が大きいということは、社内留保されている利益剰余金が多い、すなわち過去の業績がよかったことを示しています。

自己資本は**純資産額（株主資本、評価・換算差額等および新株予約権）**として算定されます。

このうち株主資本は、通常、資本金、資本剰余金、利益剰余金の合計額から自己株式の額を控除して算定されます。

CASE39の自己資本比率

自己資本：1,000円 + 500円 = 1,500円

自己資本比率：$\dfrac{1,500\text{円}}{5,000\text{円}} \times 100 = 30\%$

建設業における自己資本比率

建設業では、総資本（総資産）のうち流動資産の一部である未成工事支出金が巨額なので、他産業と比較して自己資本比率が低いという特徴があります。

健全性分析（資本構造分析）

負債比率と固定負債比率

なかなか出資者が
見つからないから、借入金を
増やそうと思うのですが…。

負債比率が高まるとは、
自己資本比率が低くなること。
決定は慎重に。

ここでは、負債比率と
固定負債比率について
学習します。
どちらも長期的な安全性をは
かる指標で、負債の利用度を
示しています。

例 次の資料にもとづいて、負債比率と固定負債比率を算定しなさい
（単位：円）。

［資 料］

貸借対照表の一部	
流 動 負 債	3,000
固 定 負 債	1,500
負 債 合 計	4,500
資 本 金	7,000
新 株 予 約 権	500
純 資 産 合 計	7,500

負債比率とは

負債比率とは、自己資本に対する負債（他人資本）の割合を
いいます。この負債比率は自己資本で負債をどの程度担保して
いるかを示しています。

100%以下が望ま
しいとされていま
す。

$$負債比率（\%）＝\frac{負債}{自己資本}×100$$

・・・ 値が⊗で 🐱

したがって、CASE40の負債比率は次のようになります。

CASE40の負債比率

自己資本：7,000円 + 500円 = 7,500円

負債比率：$\dfrac{4,500\,円}{7,500\,円} \times 100 = 60\%$

● 固定負債比率とは

　固定負債比率とは、自己資本に対する固定負債の割合をいい、自己資本で固定負債をどの程度まかなっているかを示しています。

$$固定負債比率(\%) = \frac{固定負債}{自己資本} \times 100$$

・・・ 値が大で

したがって、CASE40の固定負債比率は次のようになります。

CASE40の固定負債比率

固定負債比率：$\dfrac{1,500\,円}{7,500\,円} \times 100 = 20\%$

健全性分析（資本構造分析）

営業キャッシュ・フロー対負債比率

営業キャッシュで負債を返済できたほうがいいの？

そうだよねえ。

返済できないなら、何か資産を売却するとかしないと…。

ここでは、営業キャッシュ・フロー対負債比率についてみていきます。営業キャッシュ・フロー対負債比率は企業の営業活動の債務返済能力を判断するための比率です。

例 次の資料にもとづいて、ゴエモン㈱の第2期の営業キャッシュ・フロー対負債比率を算定しなさい（単位：円）。

［資 料］

貸借対照表の一部		
	第1期	第2期
流 動 負 債	2,500	3,000
固 定 負 債	1,500	2,000
負 債 合 計	4,000	5,000

なお、当期の営業キャッシュ・フローは1,350円である。

● 営業キャッシュ・フロー対負債比率とは

　営業キャッシュ・フロー対負債比率とは、負債に対する営業キャッシュ・フローの割合をいい、企業の本業である営業活動の債務返済能力を判断するための比率です。

> 一般的に20%以上あれば健全であるといわれています。

$$\text{営業キャッシュ・フロー対負債比率(\%)} = \frac{\text{営業キャッシュ・フロー}}{\text{負債}^*} \times 100$$

* 期中平均値

 ··· 値が大で

　したがって、CASE41の営業キャッシュ・フロー対負債比率は次のようになります。

CASE41の営業キャッシュ・フロー対負債比率

負債（期中平均値）：(4,000円 + 5,000円) ÷ 2 = 4,500円

営業キャッシュ・フロー対負債比率：$\dfrac{1,350\text{円}}{4,500\text{円}} \times 100 = 30\%$

健全性分析（資本構造分析）

借入金依存度と有利子負債月商倍率

借りているのが恐くなって
きた…。
借入金はすぐ返済します！

あいや、待たれい。

適正な割合なら
さほど問題はない。

事業を拡大するために、お金を借りていたゴエモン君でしたが、借金が増えすぎて不安になってきました。負債の利用について、適正な水準はあるのでしょうか？

例 次の資料にもとづいて、借入金依存度と有利子負債月商倍率を算定しなさい。なお、会計期間は4月1日から3月31日である（単位：円）。

［資　料］

貸借対照表の一部	
短 期 借 入 金	200
コマーシャル・ペーパー	100
長 期 借 入 金	150
社　　　　　債	100
新株予約権付社債	50
⋮	
負債・純資産合計	1,000

なお、当期の完成工事高は2,400円である。

借入金依存度とは

借入金依存度とは、総資本に対する借入金（社債を含む）の割合をいい、企業活動に使用されている資本の総額である総資本のうち借入金によってどの程度調達したかを示しています。

$$借入金依存度(\%) = \frac{短期借入金＋長期借入金＋社債}{総資本} \times 100$$

 ・・・ 値が大で

したがって、CASE42の借入金依存度は次のようになります。

CASE42の借入金依存度

$$借入金依存度：\frac{200円＋150円＋100円}{1,000円} \times 100 = 45\%$$

有利子負債月商倍率とは

有利子負債月商倍率とは、完成工事高（1カ月分）に対する有利子負債の割合をいい、何カ月分の完成工事高に相当する有利子負債があるかを示しています。

$$有利子負債月商倍率(月) = \frac{有利子負債}{完成工事高÷12}$$

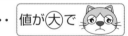 ・・・ 値が大で

コマーシャル・ペーパーとは、短期の社債のようなものと考えてください。

有利子負債とは、利子の付された負債をいいます。

有利子負債＝短期借入金＋長期借入金＋社債
　　　　　　＋新株予約権付社債＋コマーシャル・ペーパー

したがって、CASE42の有利子負債月商倍率は次のようになります。

CASE42の有利子負債月商倍率

有利子負債：200円＋150円＋100円＋50円＋100円＝600円

$$有利子負債月商倍率：\frac{600円}{2,400円÷12カ月} = 3カ月$$

健全性分析（資本構造分析）

金利負担能力（インタレスト・カバレッジ）

この比率が1だとどういうことになるの？

稼いだ金はすべて銀行に持っていかれて（支払利息）すっからかん。

…。

ゴエモン君は稼いだお金から支払利息を払おうと考えています。

ゴエモン君の金利負担能力はどの程度でしょうか？

例 次の資料にもとづいて、金利負担能力を算定しなさい（単位：円）。

［資　料］

損益計算書の一部	
完成工事高	2,400
⋮	
営 業 利 益	1,000
受取利息及び配当金	200
支 払 利 息	250
経 常 利 益	950

金利負担能力（インタレスト・カバレッジ）とは

　金利負担能力とは、支払利息に対する営業利益および受取利息及び配当金の合計額の割合をいい、営業利益と受取利息及び配当金で支払利息をどの程度まかなっているかを示しています。

1倍超が望ましいとされています。

$$金利負担能力（倍）＝\frac{営業利益＋受取利息及び配当金}{支払利息}$$

… 値が⑭で

したがって、CASE43の金利負担能力は次のようになります。

CASE43の金利負担能力

$$金利負担能力：\frac{1,000 円 + 200 円}{250 円} = 4.8 倍$$

● 金利負担能力の算定で用いる受取利息及び配当金と支払利息

金利負担能力の算定で用いる受取利息及び配当金と支払利息は、次のようになります。

受取利息及び配当金→受取利息＋有価証券利息＋受取配当金

支払利息→借入金利息＋社債利息＋その他他人資本に付される利息

投資構造分析とは？

今度は投資構造分析！

❓ 資本の調達面をはかる資本構造分析をみてきましたが、ここからは資本の運用面をはかる投資構造分析をみてみましょう。

投資構造分析とは

投資構造分析とは、資本の運用面において、主として有形固定資産とその資金調達のバランスの良否を分析することをいいます。

健全性分析における投資構造分析の種類

健全性分析における投資構造分析には、次のようなものがあります。

```
投資構造分析 ── 固定比率
             └─ 固定長期適合比率
```

健全性分析（投資構造分析）

固定比率と固定長期適合比率

固定資産として投下された資金は、短期的には回収できません。

固定資産への投資が自己資本でどの程度まかなえているのか分析してみましょう。

例 次の資料にもとづいて、固定比率と固定長期適合比率を算定しなさい（単位：円）。

［資　料］

貸借対照表の一部

借　　方		貸　　方	
⋮			
有形固定資産合計	1,500	⋮	
⋮			
固 定 資 産 合 計	3,000	固 定 負 債 合 計	2,500
⋮		⋮	
		純 資 産 合 計	5,000
資 産 合 計	10,000	負債・純資産合計	10,000

● 固定比率とは

> 100%以下が望ましいとされています。

　固定比率とは、自己資本に対する固定資産の割合をいいます。

　この固定比率は、返済を要しない自己資本で固定資産をどの程度まかなっているかを示しています。

$$固定比率(\%)=\frac{固定資産}{自己資本}\times100$$

 ・・・ 値が(大)で

したがって、CASE45の固定比率は次のようになります。

CASE45の固定比率

$$固定比率：\frac{3{,}000円}{5{,}000円}\times100=60\%$$

● 固定長期適合比率とは

固定長期適合比率とは、固定負債および自己資本の合計額に対する固定資産または有形固定資産の割合をいいます。

> 100%以下が望ましいとされています。

この固定長期適合比率は、返済期限が長期である固定負債および返済を要しない自己資本で固定資産または有形固定資産をどの程度まかなっているかを示しています。

$$固定長期適合比率(\%)=\frac{固定資産}{固定負債＋自己資本}\times100$$

$$固定長期適合比率(\%)=\frac{有形固定資産}{固定負債＋自己資本}\times100$$
別法

 ・・・ 値が(大)で

したがって、CASE45の固定長期適合比率は次のようになります。

CASE45の固定長期適合比率

$$固定長期適合比率：\frac{3{,}000円}{2{,}500円＋5{,}000円}\times100=40\%$$

〈別解〉

$$固定長期適合比率：\frac{1{,}500円}{2{,}500円＋5{,}000円}\times100=20\%$$

> 別解は有形固定資産を分子として算定する別法で算定しています。

利益分配性向分析とは？

最後は利益分配性向分析！

健全性分析の最後は利益分配性向分析です。どのような指標があるのかみていきましょう。

利益分配性向分析とは

利益分配性向分析とは、利益分配の程度を分析することをいいます。

健全性分析における利益分配性向分析の種類

健全性分析における利益分配性向分析には、次のようなものがあります。

```
利益分配性向分析━━━━配当性向
              ┗━━━配当率
```

利益分配性向と健全性の関係

企業における利益分配は、次の2つの理由から資本構造に影響を与えています。

① 株主資本に対して適正な報酬を提供しているか否かによって、市場での資金調達事情が変化する。

② 配当せずに利益剰余金として内部留保される場合は、自己資本が増加する。

このような理由から、利益分配性向は、企業の健全性と深い関わりをもっているといえます。

健全性分析（利益分配性向分析）

配当性向と配当率

今回は内部留保します！再投資に回します！

儲かったんなら配当してよ。

近年、株主から配当性向を引き上げる要求が強く出ています。ゴエモン㈱が株主を納得させることのできる配当をするにはどうすればいいのでしょうか？

例 次の資料にもとづいて、配当性向と配当率を算定しなさい（単位：円）。

［資　料］
　当期末において当社は配当金を800円支払った。なお当期純利益は2,500円であり、当期末の資本金は10,000円であった。

● 配当性向とは

　配当性向とは、当期純利益に対する剰余金の配当の額の割合をいい、当期純利益のうちどの程度が配当にあてられたかを示しています。

$$配当性向(\%) = \frac{剰余金の配当額}{当期純利益} \times 100$$

・・・  値が⼤で

したがって、CASE47の配当性向は次のようになります。

$$配当性向：\frac{800\,円}{2{,}500\,円} \times 100 = 32\%$$

配当率とは

　配当率とは、資本金に対する剰余金の配当の額の割合をいい、原則として株主の出資額である資本金に対してどの程度の配当が行われたかを示しています。

$$配当率(\%) = \frac{剰余金の配当額}{資本金} \times 100$$

　　　　　　　　　　　　　　　　・・・ 値が大で

　したがって、CASE47の配当率は次のようになります。

CASE47の配当率

$$配当率：\frac{800\,円}{10{,}000\,円} \times 100 = 8\,\%$$

資金変動性分析とは？

負債が多くたって、十分に利息を払えるなら、当面は問題ないんじゃない？

うむ…資金のフローを分析してみるか！

ここからは、資金変動性分析における各指標についてみていきましょう。

資金変動性分析とは

資金変動性分析とは、資金のフローを分析することをいいます。

資金のフローとは、企業がある一定期間にどのような資金を受け入れ、その受け入れた資金をどのような支払いに充当したかをいいます。

資金変動性分析の必要性

資金変動性分析が、安全性分析において必要となる理由として次のようなことが挙げられます。

① 流動性分析や健全性分析では、流動比率や固定比率などの比率分析によって分析目的の傾向を知ることができますが、その良否の原因を分析することはできません。

② 当期純利益は、基本的に資金の増加をもたらすものですが、この当期純利益を算定する場合、減価償却費や引当金繰入額などの資金の支出をともなわない費用である非資金費用も減算されます。そこで、資金のフローを分析する場合、非資金費用は当期純利益に加算して、資金の源泉と考える必要があります。

資金概念

ふむ…。まずは手許に十分なキャッシュを

何これ!?

入金でーす。

資金という概念は、さまざまな意味で用いられます。
ここでは、代表的な資金概念についてみてみましょう。

資金とは

資金とは、一般的に企業の活動に必要な財またはサービスの獲得に利用することができる支払手段をいいます。

さまざまな資金概念

資金概念はさまざまな意味として用いられているため、単純なものではありません。資金の分析や管理に用いられる資金概念には、次のようなものがあります。

(1) 即座の支払手段たる現金

簿記上で一般的に用いられる「現金」のことですが、資金変動性分析では、あまり用いません。

具体的には通貨、他人振出の小切手、郵便為替証書などがあります。

(2) 現金およびいつでも支払手段に利用可能な預金

資金繰りの分析で用いられることが多い資金概念です。

(3) 現金・預金プラス市場性のある一時所有の有価証券

1987年から1999年まで有価証券報告書の中に開示された「資

金収支表」で用いられた資金概念です。

(4) 現金及び現金同等物

「キャッシュ・フロー計算書」で用いられる資金概念です。

具体的には、手許現金、要求払預金、短期の現金支払債務に充てるために保有された流動性の高い投資のうち、容易に一定金額と換金可能なものとされています。

(5) 当座資産（当座資金）・正味当座資産

当座資産とは、現金預金、受取手形や完成工事未収入金などの売上債権、一時所有の有価証券など、短期的に現金や預金に変わるものをいいます。

また、正味当座資産とは、当座資産から流動負債または工事未払金や支払手形などの買入債務を控除したものをいいます。

(6) 運転資本・正味運転資本

運転資本とは、流動資産の総額をいい、**正味運転資本**とは、流動資産から流動負債を控除したものをいいます。この資金概念は、キャッシュ・フロー計算書が登場するまでは、資金変動性分析の主流の資金概念として用いられていました。

正味運転資本は、資金運用表で用いられる資金概念で、これによりCASE51で学習する正味運転資本型資金運用表が作成されます。

資金計算書の種類

あれ？
キャッシュ・フロー計算書
だけかと思った…。

あれは外部公表用じゃよ。
普通はもっと細かく
管理しておる。

資金計算書は利用目的
の違いによって、さま
ざまな種類があります。
ここでは、代表的な資金計算
書についてみてみましょう。

資金計算書の利用

資金変動性分析では、資金のフローを示す資金計算書を作成
し、これを分析に用います。

資金計算書の種類

資金計算書には、その作成目的によって、次のような種類が
あります。

(1) 資金運用表

資金運用表とは、連続する2期間の貸借対照表を比較するこ
とによって、各項目の増減を算定し、これに必要な修正を加え
て、資金をその調達源泉と運用とに区分整理した計算書をいい
ます。

企業が一定期間にどのように資金を調達し、その資金をどの
ように運用したかを示すものです。

(2) 正味運転資本型資金運用表

詳細はCASE51で
学習します。

正味運転資本型資金運用表とは、正味運転資本の増減を重視
した資金運用表をいいます。

(3) **キャッシュ・フロー計算書**

　キャッシュ・フロー計算書とは、すでに学習したように、一会計期間におけるキャッシュ・フローの状況を一定の活動区分別に表示したものをいいます。

(4) **資金繰表**

　資金繰りとは、資金収支の過不足が生じないように均衡を図ることをいいます。

　資金繰表とは、この資金繰りを分析するために、一定期間における現金収支の状況を記入した表をいい、現金の収入および支出を項目ごとに区分整理したものをいいます。

① 資金繰表の作成目的

　　資金運用表では、資金の調達とその運用の本当の動きを知ることができないため、その欠点を補うために作成されます。

② 資金繰表の表示方法

　　資金繰表には、さまざまな表示方法があります。前月繰越、収入、支出および次月繰越を表示する方法が一般的ですが、収支を一般収支および財務収支の2つに区分する2区分制や、一般収支、設備関係収支および財務収支の3つに区分する3区分制による表示方法があります。

　　なお、2区分制による資金繰表のひな形を示すと、次のページのようになります。

資金繰表のひな形（2区分制）

摘　　要				4月	5月	6月
前月繰越（A）						
一般収支	収入	売上代金	現金売上			
			売掛金回収			
			手形取立			
			手形割引			
		前受金				
		受取利息				
		その他				
		一般収入合計（B）				
	支出	仕入代金	現金仕入			
			買掛金支払			
			手形決済			
			その他			
		人件費				
		一般経費				
		前渡金				
		支払利息				
		設備関係支払				
		決算関係支払				
		その他				
		一般支出合計（C）				
	一般収支過不足（D＝B－C）					
財務収支	借入金					
	借入金返済					
	その他財務収入					
	その他財務支出					
	財務収支過不足（E）					
次月繰越（A±D±E）						

CASE
51

資金変動性分析

正味運転資本型資金運用表

キャッシュ・フロー計算書とは、どこが違うんだろう？

ここでは、正味運転資本型資金運用表について詳しくみてみましょう。

貸借対照表と資金の調達（源泉）・運用

貸借対照表は、貸方側で資金の調達（源泉）面を表し、借方側でその資金の運用面を表しています。

したがって、前期末から当期末にかけての貸借対照表項目の増減を把握することで、資金の源泉や運用に関する具体的な内容を把握することができます。

資金の運用と源泉の具体的な内容

資金の運用面の要素と、源泉面の要素には具体的なものとして、次のようなものがあります。

(1) **資金の運用面の要素**
① 材料の仕入に資金を使用した場合
② 設備投資に資金を使用した場合
③ 工事未払金の支払いに資金を使用した場合
④ 長期借入金の返済に資金を使用した場合
⑤ 有償減資を行った場合
⑥ 当期純損失が生じ、純資産が減少した場合

(2) **資金の源泉面の要素**

⑦ 短期貸付金を回収した場合

⑧ 土地を売却した場合

⑨ 短期借入れによって資金を調達した場合

⑩ 社債発行によって資金を調達した場合

⑪ 増資を行った場合

⑫ 当期純利益が生じ、純資産が増加した場合

期末時点では、当期の法人税等が未払いなので、税引前当期純利益を資金の増加分と考えます。

これらをまとめると、次のようになります。

資金の運用面の要素			資金の源泉面の要素		
資産の増加	①	流動資産の増加	資産の減少	⑦	流動資産の減少
	②	固定資産の増加		⑧	固定資産の減少
負債の減少	③	流動負債の減少	負債の増加	⑨	流動負債の増加
	④	固定負債の減少		⑩	固定負債の増加
純資産の減少	⑤	株主資本の減少	純資産の増加	⑪	株主資本の増加
	⑥	損失の発生		⑫	利益の発生

● 資金の源泉および運用と正味運転資本との関係

　正味運転資本とは、CASE49で学習したとおり、流動資産から流動負債を控除したものですが、固定負債および純資産の合計額から固定資産を控除したものであるともいえます。

　この関係を図に示すと次のようになります。

貸借対照表

流動資産	流動負債
	正味運転資本
固定資産	

流動資産	流動負債
	固定負債
固定資産	純 資 産

	正味運転資本
固定資産	固定負債
	純 資 産

正味運転資本＝流動資産－流動負債
　　　　　　＝固定負債＋純資産－固定資産

したがって、正味運転資本の増加は、原則として、純資産の増加、固定負債の増加および固定資産の減少によって生じ、また、正味運転資本の減少は、原則として、純資産の減少、固定負債の減少、固定資産の増加によって生じることになります。

　これらの正味運転資本の増減項目を資金の源泉と資金の運用に区分したものが、正味運転資本型資金運用表（正味運転資本の増減を重視した資金運用表）です。

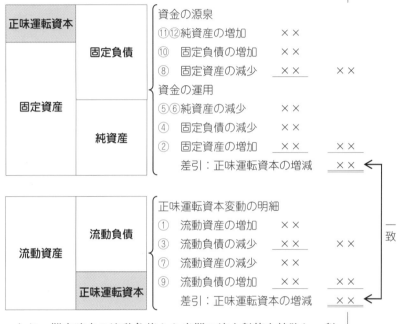

　なお、期末時点の流動負債から当期の法人税等を控除し、税金の影響を計算から除外する必要があります。

● 正味運転資本型資金運用表のひな型

　正味運転資本型資金運用表のひな型を示すと、次のようになります。

正味運転資本型資金運用表

Ⅰ　資金の源泉

　　税引前当期純利益　　　　　　　　　　　　　　　　　××

　　固定資産の売却　　　　　　　　　　　　　　　　　　××

　　非資金費用

　　　　　減価償却費　　　　　　　　　　　××

　　　　　無形固定資産の償却　　　　　　　××

　　　　　繰延資産の償却　　　　　　　　　××

　　　　　退職給付費用　　　　　　　　　　××　　　　××

　　　　　　　　資金の源泉合計　　　　　　　　　　　　××

Ⅱ　資金の運用

　　固定資産の取得

　　　　　機械・運搬具の購入　　　　　　　××

　　　　　建設仮勘定への支出　　　　　　　××

　　　　　その他有形固定資産の取得　　　　××　　　　××

　　投資

　　　　　子会社への出資　　　　　　　　　××　　　　××

　　固定負債の返済

　　　　　長期借入金の返済　　　　　　　　××　　　　××

　　剰余金の配当　　　　　　　　　　　　　　　　　　　××

　　　　　　　　資金の運用合計　　　　　　　　　　　　××

　　　　差引（正味運転資本の増加）　　　　　　　　　　××

正味運転資本増減の明細

　１．正味運転資本の増加

　　　　流動資産の増加　　　　　　　　　　××

　　　　流動負債の減少　　　　　　　　　　××　　　　××

　２．正味運転資本の減少

　　　　流動資産の減少　　　　　　　　　　××

　　　　流動負債の増加　　　　　　　　　　××　　　　××

　　　　　　正味運転資本の増加　　　　　　　　　　　　××

正味運転資本の増加は、資金に余裕があることを示しています。異常に巨額でないかぎりは、ほぼ健全な財務状況といえます。

　正味運転資本の減少は、固定資産への投資が短期的な資金調達により行われていることを示しているので、窮屈な財務状況といえます。

① **正味運転資本の増加の場合**

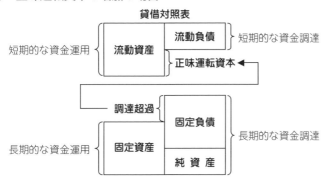

② **正味運転資本の減少の場合**

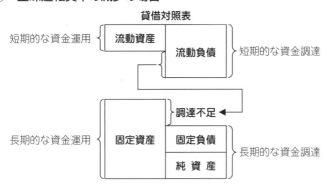

第4章

活動性分析

• • • • •

活動性分析とは、資本や資産などが
一定期間にどの程度運動（回転）したかを
分析することをいいます。

ここでは、活動性分析について
学習していきましょう。

CASE 52

活動性分析とは？

えーと…
まだあるの？

うむ。今回はB/SとP/Lの
数値を両方使って
分析するぞ。

これまで、収益性分析、
安全性分析とみてきま
した。今度は活動性分析です。
まずは、この分析に必要な回
転についてみていきましょう。

● 活動性分析

活動性分析とは、資本やその運用形態である資産などが一定
期間にどの程度運動したかを分析することをいいます。これに
は、回転率や回転期間という概念が用いられます。

● 回転率とは

回転率とは、新旧の各資本や資産などが一定期間（通常1年
間）に入れ替わった（回転した）回数をいい、各資本や資産な
どの利用度合いを示すものです。

分子は、対象要素
が材料である場合
など、本来材料の
消費額ですが、実
務上は簡便性を重
視して完成工事高
を用います。

$$回転率（回）＝ \frac{対象要素の年間回収額あるいは消費額}{対象要素の年間平均有高}$$

回転期間とは

回転期間とは、各資本や資産などが1回転するのに要した期間をいいます。

$$回転期間（月） = \frac{対象要素の年間平均有高}{対象要素の年間回収額あるいは消費額 \div 12}$$

回転率と回転期間の関係

回転率と回転期間は逆数の関係にあるためその関係は次のようになります。

$$回転率（回） = \frac{12カ月}{回転期間}$$

$$回転期間（月） = \frac{12カ月}{回転率}$$

活動性分析においては、1年間の回転数しか表さない回転率よりも、回転期間を用いて、本来の適正な回転期間と比較検討することによって企業の活動状況の良否を判断します。

回転率の区分

回転率はその分母に何を用いるかによって3つに分けることができます。

・資本回転率（CASE53）
・資産回転率（CASE54）
・負債回転率（CASE55）

回転期間の単位は年や日の場合もあります。その場合は

$$回転期間（年） = \frac{1年}{回転率}$$

$$回転期間（日） = \frac{365日}{回転率}$$

となります。

回転期間も同様に3つに分けることができます。

資本回転率

ぬぁぁぁぁ～！

しっかり
働いてねー。

🐾❓ 会社は資本を使って事
業を行っていますが、
その資本の使い方はうまく
いっているのでしょうか。資
本回転率で検証してみましょ
う。

例 次の資料にもとづいて、ゴエモン㈱の第2期の総資本回転率を計算しなさい。

[資 料]

損益計算書の一部 （単位：円）

	第1期	第2期
完成工事高	1,000	2,000

貸借対照表の一部 （単位：円）

借 方	第1期	第2期	貸 方	第1期	第2期
流動資産	200	400	流動負債	150	300
固定資産	600	800	固定負債	350	500
			純資産	300	400
合 計	800	1,200	合 計	800	1,200

● 資本回転率とは

資本回転率とは、資本に対する完成工事高の割合をいい、資本が1年間に回転した回数、すなわち資本の利用度合い（運用効率）を示しています。

$$資本回転率（回）＝\frac{完成工事高}{資本^*}$$

＊ 期中平均値

● 資本利益率の分解

資本利益率は次のように分解することができます。

資本利益率は、CASE 6 で学習しましたね。

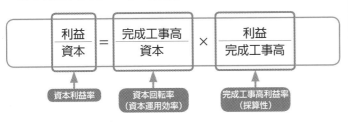

資本利益率と完成工事高利益率は収益性を示すものですが、この2つを資本回転率が支えている関係にあるといえます。

したがって、収益性分析と活動性分析とは密接な関係にあります。

● 資本回転率の分類

資本回転率は分母に用いる資本の種類によって3つに分類できます。

総資本回転率

総資本回転率とは、総資本に対する完成工事高の割合をいい、総資本の利用度合い（運用効率）を示します。

$$総資本回転率(回) = \frac{完成工事高}{総資本^*}$$

＊　期中平均値

したがって、CASE53の総資本回転率は次のようになります。

CASE53の総資本回転率

第2期完成工事高：2,000円

総資本（第2期平均）：（800円＋1,200円）÷ 2 年＝1,000円

総資本回転率：$\dfrac{2,000\,円}{1,000\,円} = 2$ 回

同様に、他の資本回転率もみていきましょう。

経営資本回転率

経営資本回転率とは、経営資本に対する完成工事高の割合をいい、経営資本の利用度合い（運用効率）を示します。

$$経営資本回転率(回) = \frac{完成工事高}{経営資本^*}$$

＊　期中平均値

経営資本とは、総資本のうち、経営に使われている資本のことをいいます。
詳しくは第2章を参照してください。

自己資本回転率

　自己資本回転率とは、自己資本に対する完成工事高の割合をいい、自己資本の利用度合い（運用効率）を示します。

$$自己資本回転率(回) = \frac{完成工事高}{自己資本^*}$$

＊　期中平均値

・・・　

CASE 54

活動性分析

資産回転率

建設業の棚卸資産回転率ってイメージが湧きにくいんですが…。

それなら、大量生産・大量販売の業種で考えてもよいぞ。

ゴエモン㈱では、資本回転率の次に資産についての回転率をみていくことにしました。

ここでは資産回転率についてみていきましょう。

例 次の資料にもとづいて、ゴエモン㈱の第2期の棚卸資産回転率を計算しなさい。

[資 料] 損益計算書の一部 （単位：円）

	第1期	第2期
完成工事高	1,000	1,500

貸借対照表の一部 （単位：円）

借　　方	第1期	第2期	貸　　方	第1期	第2期
未成工事支出金	800	900	流動負債	150	300
材料貯蔵品	100	200	固定負債	550	500
⋮	⋮	⋮	純資産	300	400
合　　計	1,000	1,200	合　　計	1,000	1,200

資産回転率とは

　資産回転率とは、資産に対する完成工事高の割合をいい、資産が1年間に回転した回数を示しています。

$$資産回転率(回) = \frac{完成工事高}{資産^*}$$

* 期中平均値

資産回転率の分類

資産回転率は分母に用いる資産の種類によって4つに分類できます。

棚卸資産回転率

棚卸資産回転率とは、棚卸資産に対する完成工事高の割合をいい、棚卸資産が1年間に回転した回数、すなわち、棚卸資産に投下された資金の回収速度（運用効率）を示します。

> 棚卸資産とは、未成工事支出金と材料貯蔵品をいいます。

$$棚卸資産回転率（回）＝\frac{完成工事高}{棚卸資産^*}$$

* 期中平均値

したがって、CASE54の棚卸資産回転率は次のようになります。

CASE54の棚卸資産回転率

第2期完成工事高：1,500円

棚卸資産（第2期平均）：

$$(\underset{未成工事支出金}{800円＋900円}＋\underset{材料貯蔵品}{100円＋200円})÷2年＝1,000円$$

棚卸資産回転率：$\dfrac{1,500円}{1,000円}＝1.5回$

同様に、他の資産回転率もみていきましょう。

● 未成工事支出金回転率

未成工事支出金の棚卸資産に占める割合が大きいため、棚卸資産回転率の分母を未成工事支出金に限定したものです。

　未成工事支出金回転率とは、未成工事支出金に対する完成工事高の割合をいいます。

$$未成工事支出金回転率(回) = \frac{完成工事高}{未成工事支出金^*}$$

＊　期中平均値

・・・

● 受取勘定回転率（売上債権回転率）

本試験では正味受取勘定回転率も出題されています。これは、受取勘定から未成工事受入金を控除した金額を正味受取勘定としたものです。

　受取勘定回転率とは、受取勘定に対する完成工事高の割合をいい、受取勘定が1年間に回転した回数、すなわち、受取勘定の回収速度を示しています。

$$受取勘定回転率(回) = \frac{完成工事高}{受取勘定（受取手形＋完成工事未収入金）^*}$$

＊　期中平均値

・・・

● 固定資産回転率

　固定資産回転率とは、固定資産に対する完成工事高の割合をいい、固定資産が1年間に回転した回数、すなわち固定資産に投下された資金の回収速度（運用効率）を示しています。

$$固定資産回転率(回) = \frac{完成工事高}{固定資産^*}$$

＊　期中平均値

・・・

棚卸資産回転率と受取勘定回転率の注意点

資産回転率を用いるためには、次の点に注意する必要があります。

(1) 棚卸資産回転率の注意点

一般的に、棚卸資産回転率は、その値が大きいほど在庫期間が短く、棚卸資産に投下された資金の回収速度が速い（運用効率がよい）ことを示しているため、在庫状況の良否を判断することができます。

しかし、棚卸資産回転率は、その値が大きいほど良好であるとは必ずしもいえない点に注意する必要があります。なぜならば、企業には維持すべき適正な在庫水準があり、在庫が少なすぎることによって棚卸資産回転率の値が大きい場合には、一定の営業活動を維持できないからです。

(2) 受取勘定回転率の注意点

受取勘定回転率は、その値が小さいほど受取勘定の回収速度が遅く、いわゆる不良債権が多いことを示しています。したがって、多額の貸倒損失や集金費用などが生じるおそれがある点に注意する必要があります。

負債回転率

負債回転率……
何ですかこの指標？

負債も資本も資金調達である
ことに変わりはない。
資本回転率の分母を変えた
ものと考えておいてくれい。

資本、資産に続いて、
負債についての回転率
をみていくことにしました。
ここでは負債回転率について
みていきましょう。

例　次の資料にもとづいて、ゴエモン㈱の第2期の支払勘定回転率を
計算しなさい。

［資　料］　　　　　　　　損益計算書の一部　　　　　（単位：円）

	第1期	第2期
完成工事高	2,000	2,400

貸借対照表の一部　　　　　（単位：円）

借　　方	第1期	第2期	貸　　方	第1期	第2期
流動資産	300	200	支払手形	250	400
固定資産	500	1,000	工事未払金	350	600
			⋮	⋮	⋮
合　　計	800	1,200	合　　計	800	1,200

負債回転率とは

負債回転率とは，負債に対する完成工事高の割合をいい、負
債が1年間に回転した回数を示しています。

$$負債回転率（回）＝ \frac{完成工事高}{負債^*}$$

* 期中平均値

● 支払勘定回転率（買掛債務回転率）

負債回転率では一般的に支払勘定回転率が使われます。

支払勘定回転率とは、支払勘定に対する完成工事高の割合をいい、支払勘定が1年間に回転した回数、すなわち支払勘定の支払速度を示しています。

$$支払勘定回転率（回）＝ \frac{完成工事高}{支払勘定（支払手形＋工事未払金）^*}$$

＊ 期中平均値

・・・ 値が大で

したがって、CASE55の支払勘定回転率は次のようになります。

CASE55の支払勘定回転率

第2期完成工事高：2,400円

支払勘定（第2期平均）：

$$(\underbrace{250円＋400円}_{支払手形}＋\underbrace{350円＋600円}_{工事未払金}) ÷ 2年 ＝ 800円$$

支払勘定回転率：$\dfrac{2,400円}{800円} ＝ 3回$

支払勘定回転率の注意点

支払勘定回転率は、その値が小さいほど支払勘定の支払速度が遅く、それだけ他人資本を長期間にわたって利用していることを示しています。

しかし、支払勘定回転率は、その値が小さいほど良好であるとは必ずしもいえない点に注意する必要があります。なぜなら、支払勘定回転率の値が正常な値と比較して小さすぎる場合には、将来の取引条件がより厳しくなるおそれがあるからです。

第5章

生産性分析

生産性分析ってなんだろう?

生産性分析は、投入された生産要素が
どの程度有効に利用されたかを
分析する手法です。
ここでは、生産性分析をみていきます。

56

生産性分析とは？

付加された価値なんてわかるの？

売上高や各種費用の額から求めるだけじゃ。

それらの金額が本当に価値に見合ったものであるかどうかはわからん。

生産性分析とは、企業によって生み出された付加価値をはかるものです。それでは、生産性分析についてみていきましょう。

生産性分析とは

　生産性分析とは、投入された生産要素がどの程度有効に利用されたか（生産効率）を分析する手法です。

　生産性は、生産要素の投入高（インプット＝労働力、従業員数など）に対する活動成果たる産出高（**アウトプット＝付加価値**）の割合で示されます。

$$生産性 = \frac{活動成果たる産出高（アウトプット）}{生産要素の投入高（インプット）}$$

生産性分析の区分

　生産性を求める公式の分母を労働力で算定するか、資本で算定するかによって、生産性分析は次のように分けることができます。

生産性分析の区分
●労働生産性 　分母に労働力を用いて分析 ●資本生産性 　分母に資本を用いて分析

CASE 57

生産性分析

付加価値

付加価値を生み出そう！

付加価値

付加価値は、どのように計算すれば求められるのでしょうか？
ここでは、一般的な付加価値の算定方法である控除法と加算法についてみてみましょう。

付加価値とは

付加価値とは、企業が新たに生み出した価値をいいます。

一般的な付加価値の算定方法

一般的な付加価値の算定方法には、控除法と加算法があります。

(1) 控除法

控除法とは、一般的に売上高から付加価値を構成しない項目（**前給付費用**）を控除して付加価値を算定する方法です。

(2) 加算法

加算法とは、一般的に付加価値を構成する項目を加算して付加価値を算定する方法です。

なお、控除法および加算法のいずれの方法でも、減価償却費を含めて算定したものを「**粗付加価値**」といい、減価償却費を除いて算定したものを「純付加価値」といいます。

控除法と加算法の関係を図にすると次のようになります。

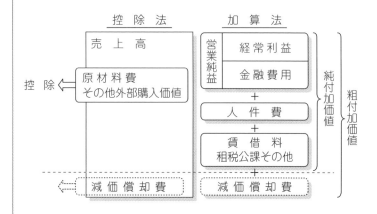

建設業の付加価値の算定方法

建設業では、「粗付加価値」を付加価値と考え、その算定方法は控除法によっています。したがって、建設業の付加価値を算式によって示すと次のようになります。

> 付加価値＝完成工事高－（材料費＋労務外注費＋外注費）

労働生産性

つまり、頭数を減らせば1人あたり付加価値が上がる…。

フフフッ　フフフッ

生産性マニュアル

頭数が減ったら困るでしょ。

従業員1人あたりの付加価値を把握すれば、規模の異なる企業とも生産性を比較できます。
ゴエモン㈱の労働生産性からみてみましょう。

例　次の資料にもとづいて、ゴエモン㈱の労働生産性を計算しなさい。

［資　料］

損益計算書の一部	
	（単位：円）
完 成 工 事 高	1,500
完 成 工 事 原 価	
材 料 費	350
人 件 費	200
外 注 費	150

職員数	
期首	9人
期末	11人

労働生産性とは

　労働生産性とは、一般的に、従業員数に対する付加価値の割合をいいます。従業員1人あたりが生み出した付加価値を示すため、付加価値労働生産性や職員1人あたり付加価値ともいいます。

> 財務分析の試験では、この「従業員数」を技術職員数と事務職員数の合計である「総職員数」としています。

分母に期中平均値を用いる理由は、CASE 6 の資本利益率で学習した理由と同じです。

$$労働生産性（円） = \frac{付加価値}{総職員数^*}$$

$*$ 期中平均値

 値が⼤で

したがって、CASE58 の労働生産性は次のように計算されます。

CASE58 の労働生産性

総職員数（期中平均値）：（9 人 + 11 人）÷ 2 = 10 人

付加価値：1,500 円 −（350 円 + 150 円）= 1,000 円

労働生産性：$\dfrac{1,000 円}{10 人} = 100$ 円

付加価値の計算では人件費を控除しないことに、気をつけましょう。

● 職員 1 人あたり人件費の分解

職員 1 人あたり人件費とは、総職員に対する人件費の割合をいい、賃金水準を示しています。職員 1 人あたり人件費と労働生産性は次のような関係になります。

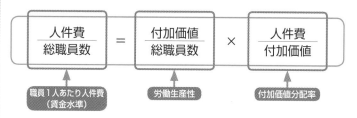

この算式によって、職員 1 人あたり人件費は「労働生産性」および「付加価値分配率」の影響を受けていることがわかります。

付加価値分配率は、労働分配率ともいいます。

付加価値分配率とは、付加価値に対する人件費の割合をいい、付加価値のうち人件費にどれだけ分配されているのかを示しています。

$$付加価値分配率（\%） = \frac{人件費}{付加価値} \times 100$$

資本生産性

財務分析って、似たような式が延々と並んでるね。

付加価値を売上高に変えると回転率（第4章）になるものもあるな。

企業が価値を生み出す源泉は人、モノ、金であるといわれます。

ここでは、金、すなわち投下資本に応じた生産性を示す指標を学習していきます。

例 次の資料にもとづいて、ゴエモン㈱の第2期における設備投資効率を計算しなさい（単位：円）。

［資　料］

損益計算書の一部

	第1期	第2期
完 成 工 事 高	800	1,500
完 成 工 事 原 価		
材料費	300	350
外注費	100	150

貸借対照表の一部

	第1期	第2期
⋮		
機　　　械	110	170
備　　　品	40	80
建 設 仮 勘 定	10	20

資本生産性とは

　資本生産性は、投下資本に対する付加価値の割合をいい、投下資本がどれだけの付加価値を生み出したかを示しています。

$$資本生産性（\%）= \frac{付加価値}{資本^*} \times 100$$

分母の資本には固定資産または建設仮勘定を除いた有形固定資産を用います。

＊　期中平均値

付加価値対固定資産比率

付加価値対固定資産比率とは、固定資産に対する付加価値の割合をいい、固定資産がどれだけの付加価値を生み出したのかを示しています。

なお、資本生産性を「広義の資本生産性」、付加価値対固定資産比率を「狭義の資本生産性」ということもあります。

$$付加価値対固定資産比率（\%） = \frac{付加価値}{固定資産^*} \times 100$$

＊　期中平均値

設備投資効率

設備投資効率とは、有形固定資産に対する付加価値の割合をいい、有形固定資産がどれだけの付加価値を生み出したかを示しています。

分母には、有形固定資産の合計額から、建設仮勘定などの未稼働資産を控除したものを用います。

$$設備投資効率（\%） = \frac{付加価値}{建設仮勘定を除く有形固定資産^*} \times 100$$

＊　期中平均値

したがって、CASE59のゴエモン㈱の設備投資効率は次のように計算されます。

CASE59の設備投資効率

付加価値：1,500円 − (350円 + 150円) = 1,000円
建設仮勘定を除く有形固定資産（期中平均値）：

$$(\underbrace{110円 + 40円}_{第1期} + \underbrace{170円 + 80円}_{第2期}) \div 2 = 200円$$

設備投資効率：$\dfrac{1{,}000円}{200円} \times 100 = 500\%$

CASE 60 生産性分析

労働生産性の分解

労働生産性はずいぶん細かく分析しますねえ。

人件費が高い、と言われているからかのう？

労働生産性を分解することで、さらにいろいろな角度から分析することができます。
どのような分解ができるのでしょうか？

労働生産性の分解

労働生産性を分解することで、より詳細な分析をすることができます。

・完成工事高を用いた分解（CASE61）
・総資本を用いた分解（CASE62）
・有形固定資産を用いた分解（CASE63）
・完成工事高および有形固定資産を用いた分解（CASE64）

CASE 61 生産性分析

完成工事高を用いた分解

完成工事高で分解すると
どうなるの?

一般的な企業でいうと、
「1人あたり売上高
×売上高付加価値率」になるの。

労働生産性の分解には、いろいろなものがあります。

まずは、企業にとって最も基本的な数値である売上高（完成工事高）で分解してみましょう。

例 次の資料にもとづいて、ゴエモン㈱の第2期の職員1人あたり完成工事高、付加価値率、さらに労働生産性を算定しなさい。

[資料]

	期首	期末
職員数	9人	11人

損益計算書の一部（単位：円）

	第1期	第2期
完成工事高	800	1,000
完成工事原価		
材料費	300	350
外注費	0	150

貸借対照表の一部（単位：円）

	第1期	第2期
⋮		
機　　械	110	170
備　　品	40	80
建設仮勘定	10	20

完成工事高を用いた分解

　労働生産性は完成工事高を用いることで、職員1人あたり完成工事高と付加価値率に分解します。

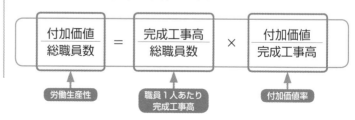

$$\frac{付加価値}{総職員数} = \frac{完成工事高}{総職員数} \times \frac{付加価値}{完成工事高}$$

労働生産性　　職員1人あたり完成工事高　　付加価値率

(1) 職員1人あたり完成工事高

職員1人あたり完成工事高とは、総職員数に対する完成工事高の割合をいいます。

$$職員1人あたり完成工事高（円）= \frac{完成工事高}{総職員数^*}$$

＊ 期中平均値

 ・・・値が大で

CASE61の職員1人あたり完成工事高

総職員数（期中平均値）：$(9人 + 11人) \div 2 = 10人$

職員1人あたり完成工事高：$\dfrac{1,000円}{10人} = 100円$

(2) 付加価値率

付加価値率とは、完成工事高に対する付加価値の割合をいい、企業による加工度の大きさを示しています。

$$付加価値率（\%）= \frac{付加価値}{完成工事高} \times 100$$

 ・・・値が大で

CASE61の付加価値率と労働生産性

付 加 価 値：$1,000円 - (350円 + 150円) = 500円$

付加価値率：$\dfrac{500円}{1,000円} \times 100 = 50\%$

労働生産性：$100円 \times 50\% = 50円$

労働生産性：$\dfrac{500円}{10人} = 50円$

等しくなります

2つめの労働生産性は、CASE58の公式で計算しています。

総資本を用いた分解

いまさらじゃが、総資本といったら
資産じゃぞ。

分解のパターンは
さっきと同じですね。

用語がわかりにくいが、
そこを間違わなければ何とかなる
じゃろ。

つぎに、総資本を用い
て、労働生産性を分解
してみましょう。

> **例** CASE61の資料にもとづいて、ゴエモン㈱の第2期の資本集約度、
> 総資本投資効率および労働生産性を算定しなさい。なお、総資本
> の額は第1期1,900円、第2期2,100円である。

● 総資本を用いた分解

　労働生産性は総資本を用いることで、資本集約度と総資本投
資効率に分解することができます。

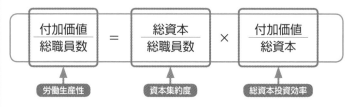

$$\underset{\text{労働生産性}}{\frac{\text{付加価値}}{\text{総職員数}}} = \underset{\text{資本集約度}}{\frac{\text{総資本}}{\text{総職員数}}} \times \underset{\text{総資本投資効率}}{\frac{\text{付加価値}}{\text{総資本}}}$$

(1) 資本集約度（職員1人あたり総資本）

　資本集約度とは、総職員数に対する総資本の割合をいいま
す。

$$資本集約度（円）＝\frac{総資本^*}{総職員数^*}$$

＊　期中平均値

(2) 総資本投資効率

　総資本投資効率とは、総資本に対する付加価値の割合をいい、総資本がどれだけの付加価値を生み出したかを示しています。

$$総資本投資効率（％）＝\frac{付加価値}{総資本^*}×100$$

＊　期中平均値

したがってCASE62は次のようになります。

CASE62の資本集約度、総資本投資効率、労働生産性

総職員数（期中平均値）：（9人＋11人）÷ 2 ＝ 10人
総資本（期中平均値）：（1,900円＋2,100円）÷ 2 ＝ 2,000円

資本集約度：$\dfrac{2,000円}{10人}＝200円$

総資本投資効率：$\dfrac{500円}{2,000円}×100＝25\%$

労働生産性：200円×25％＝50円 ◄─┐
　　　　　　　　　　　　　　　　　　　等しくなります
労働生産性：$\dfrac{500円}{10人}＝50円$ ◄─┘

有形固定資産を用いた分解

労働装備！

行けゴエモン。
お主ならできる！

機械化が進んだ現代で
は、労働者が努力する
だけでは、十分な生産性を獲
得することはできません。
ここでは、ゴエモン㈱の設備
投資を関連づけて、生産性を
分析してみましょう。

例 CASE61の資料にもとづいて、ゴエモン㈱の第2期の労働装備率、
設備投資効率および労働生産性を算定しなさい。

有形固定資産を用いた分解

労働生産性は有形固定資産を用いて、労働装備率と設備投資
効率に分解することができます。

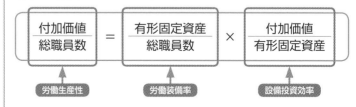

$$\frac{付加価値}{総職員数} = \frac{有形固定資産}{総職員数} \times \frac{付加価値}{有形固定資産}$$

労働生産性　　　　　労働装備率　　　　　設備投資効率

(1) 労働装備率

労働装備率とは、総職員数に対する有形固定資産の割合をい
い、職員1人あたりの有形固定資産への投資額、つまり機械化
の程度を示しています。

$$労働装備率(円) = \frac{建設仮勘定を除く有形固定資産^*}{総職員数^*}$$

＊　期中平均値

・・・　値が⑤で

したがって、CASE63は次のようになります。

CASE63の労働装備率、設備投資効率、労働生産性

総職員数（期中平均値）：（9人 + 11人）÷ 2 = 10人

建設仮勘定を除く有形固定資産（期中平均値）：

(110円 + 40円 + 170円 + 80円) ÷ 2 = 200円
　　第1期　　　　第2期

労 働 装 備 率： $\dfrac{200円}{10人}$ = 20円

設 備 投 資 効 率： $\dfrac{500円}{200円} \times 100$ = 250%

労 働 生 産 性：20円 × 250% = 50円　←

労 働 生 産 性： $\dfrac{500円}{10人}$ = 50円　←

　　　等しくなります

完成工事高および有形固定資産を用いた分解

やっぱりもう1回
分解しようかの？

え!?

あいや、労働装備率は
そのままじゃ。

生産性分析の最後として、有形固定資産と完成工事高を併用した分解をみてみましょう。

例 CASE61の資料にもとづいて、ゴエモン㈱の第2期の労働装備率、有形固定資産回転率、付加価値率および労働生産性を算定しなさい。

🔵 完成工事高および有形固定資産を用いた分解

労働生産性は、完成工事高と有形固定資産を用いることで、労働装備率、有形固定資産回転率、付加価値率に分解することができます。

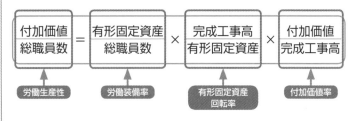

$$\frac{付加価値}{総職員数} = \frac{有形固定資産}{総職員数} \times \frac{完成工事高}{有形固定資産} \times \frac{付加価値}{完成工事高}$$

労働生産性　　労働装備率　　有形固定資産回転率　　付加価値率

CASE54で学習した固定資産回転率の分母を有形固定資産に限定したものです。

(1) 有形固定資産回転率

有形固定資産回転率とは、有形固定資産に対する完成工事高の割合をいいます。

これは、有形固定資産が1年間に回転した回数、つまり有形

固定資産に投下された資金の回収速度（運用効率）を示しています。

$$有形固定資産回転率（回）＝\frac{完成工事高}{建設仮勘定を除く有形固定資産^*}$$

＊　期中平均値

・・・　

したがって、CASE64は次のようになります。

CASE64の一連の数値

総職員数（期中平均値）：（9人＋11人）÷2＝10人

建設仮勘定を除く有形固定資産（期中平均値）：

（110円＋40円＋170円＋80円）÷2＝200円

　　　第1期　　　　　第2期

労　働　装　備　率：$\dfrac{200円}{10人}＝20円$

有形固定資産回転率：$\dfrac{1,000円}{200円}＝5回$

付　加　価　値　率：$\dfrac{500円}{1,000円}×100＝50\%$

労働生産性：20円×5回×50%＝50円

労働生産性：$\dfrac{500円}{10人}＝50円$

等しくなります

経済的付加価値（EVA）

経済的付加価値（Economic Value Added：EVA）とは、企業が株主や債権者などに支払うコストや分配額を差し引いた後の利益のことです。

> 経済的付加価値は、企業が利害関係者の要求を超えた利益を獲得できたかどうかを判断することができます。

> 経済的付加価値（EVA）
> ＝税引後営業利益－期首投下資本簿価（有利子負債＋株主資本）×加重平均資本コスト

> **例** 次の資料によって、経済的付加価値を答えなさい。

（資料）
1. 貸借対照表の計上額
   諸資産40,000円　諸負債16,000円
   株主資本24,000円
2. 期首投下資本簿価40,000円
3. 負債利子率：5%
4. 株主資本コスト：12%
5. 税率40%
6. 税引後営業利益：3,630円

> 加重平均資本コストは、税引後の負債利子率と株主資本コストを、負債と株主資本の割合で平均したものです。

解答

① 加重平均資本コスト

$$5\% \times (1 - 0.4) \times \frac{16,000円}{16,000円 + 24,000円}$$

$$+ 12\% \times \frac{24,000円}{16,000円 + 24,000円} = 0.084 \ (8.4\%)$$

② 経済的付加価値

$$3,630円 - 40,000円 \times 8.4\% = 270円$$

第6章

成長性分析

· · · · · ·

会社の目標は、
少しでも収益をあげること!
そのためにも、
会社を成長させなくちゃ……

ここでは成長性分析の方法や、
いろいろな増減率について
みていきましょう。

成長性分析とは？

今度は成長性分析ですか…。

あいや、心配するでない。

今まで学習した指標を2期間で比べるだけじゃ。

企業がより多くの利益を獲得するためには、企業が成長することが不可欠です。
ここでは、成長性分析をみていきましょう。

成長性分析とは

　成長性分析とは、2期間以上のデータを比較することにより、企業の成長の程度やその要因を分析する手法です。

　企業にとってもっとも重要な収益性を高めるためには、企業の成長が不可欠であることから、成長性分析が必要となります。

有価証券報告書が、必ず2期間の財務諸表を掲載している理由は、この成長性に関する情報を財務諸表を見る人に提供するためでもあります。

ビシッ

66

成長性分析の方法

成長性分析の方法

成長性分析には、2種類の方法があります。

(1) 実数を比較する方法

完成工事高、付加価値、利益、資本などの実数そのものを比較する方法をいいます。

金額ベースで比較するため、企業規模や利益の絶対額を比較したいときは、こちらの方法を使います。

(2) 比率を比較する方法

総資本利益率、完成工事高利益率、回転率等の比率を比較する方法をいいます。

企業規模や利益の絶対額が隠れてしまいますが、規模の異なる企業を比較するときは、こちらの方が理解しやすいことがあります。

CASE 67 成長性分析

成長率と増減率

まずは、難しい話は抜きにして、ゴエモン君の成長ぶりを測ってみましょう。意外にも、まだ身長が伸びています。

例 次の資料にもとづいて、ゴエモン君の身長の成長率と、体重の増減率を算定しなさい。

［資　料］

ゴエモン君のプロフィール

	去年	今年
身長	50cm	55cm
体重	4kg	3.8kg

🔵 成長性を示す方式

成長性を比率で示すには2つの方式があります。

(1) 成長率

成長率とは、当期実績値と前期実績値を比較する方式です。

100%超であればプラス成長、100%未満であればマイナス成長を示しています。

$$成長率（\%） = \frac{当期実績値}{前期実績値} \times 100$$

⑵ 増減率

増減率とは、当期実績値と前期実績値の増減額を前期実績値と比較する方式です。

増減率がプラスの値であればプラス成長、マイナスの値であればマイナス成長を示しています。

$$増減率(\%) = \frac{当期実績値 - 前期実績値}{前期実績値} \times 100$$

したがって、CASE67のゴエモン君の身長と体重を分析すると次のようになります。

CASE67の成長率と増減率

成長率：$\dfrac{55\mathrm{cm}}{50\mathrm{cm}} \times 100 = 110\%$

増減率：$\dfrac{3.8\mathrm{kg} - 4\mathrm{kg}}{4\mathrm{kg}} \times 100 = \triangle 5\%$

身長は、110％（100％超）の成長率なので、プラス成長となっています。

体重は、△5％（マイナスの値）の増減率なので、マイナス成長となっています。

成長性分析

増減率の種類

あれ？　成長率は？

成長性分析で用いられる代表的な増減率には、どのようなものがあるのでしょうか？

代表的な増減率の分類

増減率には、次のようなものがあります。

・完成工事高増減率（CASE69）
・付加価値増減率（CASE70）
・労働生産性増減率（CASE71）
・営業利益増減率（CASE72）
・経常利益増減率（CASE73）
・総資本増減率（CASE74）
・自己資本増減率（CASE75）

それぞれの指標を、ここでは増減率という形で列挙しましたが、成長率という形で表すこともできます。

ビシッ!!

完成工事高増減率

まずは、基本として完成工事高の増減について分析してみましょう。

> **例** 次の資料にもとづいて、ゴエモン㈱の2期間における完成工事高増減率を算定しなさい（単位：円）。

［資　料］

損益計算書の一部

	第1期	第2期
完成工事高	1,000	1,250
⋮		

完成工事高増減率

　完成工事高増減率は、前期の完成工事高と比較して当期の完成工事高がどれだけ増減したのかを示しています。

$$完成工事高増減率(\%) = \frac{当期完成工事高 - 前期完成工事高}{前期完成工事高} \times 100$$

・・・ 値が大で

完成工事高は、企業のスケール（規模）を示すものであり、付加価値や利益の源泉でもあります。

　そのため、完成工事高増減率は基本的な企業の成長性を示すものとして重視されています。

　したがって、CASE69の完成工事高増減率は次のようになります。

CASE69の完成工事高増減率

$$完成工事高増減率：\frac{1,250円 - 1,000円}{1,000円} \times 100 = 25\%$$

　ゴエモン㈱の完成工事高は第1期に比べて25％増加したということを示しています。

CASE 70　成長性分析

付加価値増減率

徐々に規模を拡大しているゴエモン㈱ですが、これに合わせて人件費も増大しています。

このような場合、付加価値の増減にどう影響するのでしょうか？

例　次の資料にもとづいて、ゴエモン㈱の2期間における付加価値増減率を算定しなさい（単位：円）。

［資　料］

損益計算書の一部 (第1期)	
完 成 工 事 高	1,000
完成工事原価	
材料費	350
人件費	300
外注費	150

損益計算書の一部 (第2期)	
完 成 工 事 高	1,250
完成工事原価	
材料費	400
人件費	500
外注費	200

● 付加価値増減率

　付加価値増減率は、前期の付加価値と比較して当期の付加価値がどれだけ増減したかを示しています。

$$付加価値増減率(\%) = \frac{当期付加価値 - 前期付加価値}{前期付加価値} \times 100$$

・・・ 値が⊘で

付加価値は、企業の生産性を示すものです。

そのため、付加価値増減率は生産性の成長の程度を示すものであるといえます。

したがって、CASE70の付加価値増減率は次のようになります。

CASE70の付加価値増減率

付加価値（第1期）：1,000円 −（350円 + 150円）
$$= 500円$$
付加価値（第2期）：1,250円 −（400円 + 200円）
$$= 650円$$

$$付加価値増減率：\frac{650円 − 500円}{500円} \times 100 = 30\%$$

ゴエモン㈱の付加価値は第1期に比べて30％増加したということを示しています。

付加価値増減率の注意点

CASE70の例の完成工事総利益を算定してみます。

完成工事総利益（第1期）：
$$1,000円 −（350円 + 300円 + 150円）= 200円$$
完成工事総利益（第2期）：
$$1,250円 −（400円 + 500円 + 200円）= 150円$$

付加価値は第2期になると増加していたのに、完成工事総利益は第2期になると減少していることがわかります。

付加価値の増加は利益の増加だけではなく、人件費の増加によっても生じるため、CASE70の例のように付加価値増減率がプラスであっても利益が増加したとはいえないので、注意しましょう。

労働生産性増減率

単純に費用が増えたから
ダメ、という考えばかりでは
ないんですね？

どこかにお金をかけなければ
成長はできない、とも考えら
れるからのう。

ゴエモン㈱は前期より
も多くの付加価値を生
み出していることがわかりまし
た。しかし、職員1人あたりの
付加価値では、どうでしょうか？

例 CASE70の資料にもとづいて、ゴエモン㈱の2期間の労働生産性
増減率を算定しなさい。なお、各期の期中平均の職員数は次のと
おりである。

［資 料］

	第1期	第2期
職員数	4人	5人

労働生産性増減率

　他の企業との生産性に関する比較分析をする場合に、職員1
人あたりの付加価値を用いることがあります。

　労働生産性増減率は、職員1人あたり付加価値がどれだけ増
減したかを把握できるため、他の企業との生産性に関する分析
をする場合に役立ちます。

$$労働生産性増減率(\%) = \frac{当期1人あたり付加価値 - 前期1人あたり付加価値}{前期1人あたり付加価値} \times 100$$

・・・

したがって、CASE71の労働生産性増減率は次のようにな
ります。

CASE71の労働生産性増減率

付加価値（第1期）：1,000円 −（350円 + 150円）
$\qquad\qquad\qquad$ ＝500円

付加価値（第2期）：1,250円 −（400円 + 200円）
$\qquad\qquad\qquad$ ＝650円

1人あたり付加価値（第1期）：500円 ÷ 4人 = 125円

1人あたり付加価値（第2期）：650円 ÷ 5人 = 130円

労働生産性増減率：$\dfrac{130円 − 125円}{125円} × 100 = 4\%$

> 付加価値の額は
> CASE70で算定し
> たとおりです。

営業利益増減率

ウチは本業以外に
大した活動はしていない
けどね。

本業の伸び率が
わかるんですね。

本業の成績を反映する
営業利益は、投資家も
重視する大切な指標です。
ゴエモン㈱の営業利益の推移
について分析してみましょう。

例 次の資料にもとづいて、ゴエモン㈱の2期間の営業利益増減率を
算定しなさい（単位：円）。

[資 料]

<table>
<tr><td colspan="2" style="text-align:center">損益計算書の一部
（第1期）</td></tr>
<tr><td>完 成 工 事 高</td><td>1,000</td></tr>
<tr><td>完 成 工 事 原 価</td><td>500</td></tr>
<tr><td>完成工事総利益</td><td>500</td></tr>
<tr><td>販売費及び一般管理費</td><td>250</td></tr>
<tr><td>営 業 利 益</td><td>250</td></tr>
</table>

<table>
<tr><td colspan="2" style="text-align:center">損益計算書の一部
（第2期）</td></tr>
<tr><td>完 成 工 事 高</td><td>1,250</td></tr>
<tr><td>完 成 工 事 原 価</td><td>650</td></tr>
<tr><td>完成工事総利益</td><td>600</td></tr>
<tr><td>販売費及び一般管理費</td><td>250</td></tr>
<tr><td>営 業 利 益</td><td>350</td></tr>
</table>

営業利益増減率

　営業利益増減率とは、前期の営業利益と比較して当期の営業
利益がどれだけ増減したかを示すものです。

$$営業利益増減率(\%) = \frac{当期営業利益 - 前期営業利益}{前期営業利益} \times 100$$

・・・ 値が大で

したがって、CASE72の営業利益増減率は次のようになります。

CASE72の営業利益増減率

営業利益増減率：$\dfrac{350\,円 - 250\,円}{250\,円} \times 100 = 40\%$

成長性分析

経常利益増減率

財務活動は
うまくいってる？

資金調達とか。

まあ、専門の部署は
まだ置いてないけど…。

業務が拡大しているゴ
エモン㈱ですが、資本
の調達が追いつかず、借入金
が増加しています。
そこで、財務損益を含めた経
常利益の増減をみてみること
にしました。

例 次の資料にもとづいて、ゴエモン㈱の２期間の経常利益増減率を
算定しなさい（単位：円）。

[資　料]

損益計算書の一部 （第１期）	
完　成　工　事　高	1,000
完　成　工　事　原　価	500
完成工事総利益	500
販売費及び一般管理費	250
営　業　利　益	250
営　業　外　収　益	200
営　業　外　費　用	150
経　常　利　益	300

損益計算書の一部 （第２期）	
完　成　工　事　高	1,250
完　成　工　事　原　価	650
完成工事総利益	600
販売費及び一般管理費	250
営　業　利　益	350
営　業　外　収　益	200
営　業　外　費　用	220
経　常　利　益	330

●経常利益増減率

　経常利益増減率は、前期の経常利益と比較して当期の経常利
益がどれだけ増減したかを示しています。

$$経常利益増減率(\%) = \frac{当期経常利益 - 前期経常利益}{前期経常利益} \times 100$$

⋯ 値が大で

　経常利益は、企業本来の営業活動および財務活動による経常的な利益であり、企業の正常な収益力を示しています。

　そのため、企業の正常な収益力がどれくらい成長したかを示している経常利益増減率は、成長性分析の中でももっとも重要なものであるといえます。

　したがって、CASE73の経常利益増減率は次のようになります。

CASE73の経常利益増減率

$$経常利益増減率：\frac{330円 - 300円}{300円} \times 100 = 10\%$$

　CASE72で算定した営業利益増減率（40%）と比較すると、経常利益増減率は下がっています。

　つまり、営業活動は順調に成長していますが、財務活動（営業外損益）が悪化しているため、経常利益増減率の伸びが少なくなっているということです。

総資本増減率

総資本ってことは、自己資本と他人資本（負債）ですか。

単純に、企業の規模を表していると考えてもらってもよいぞ。

ゴエモン㈱では、自己資本を増強するとともに、長期借入金による安定的な資金の調達に成功しました。総資本はどれくらい増減したのでしょうか？

例 次の資料にもとづいて、ゴエモン㈱の2期間の総資本増減率を算定しなさい（単位：円）。

[資 料]

貸借対照表の一部 第1期	
流 動 負 債	800
固 定 負 債	700
株 主 資 本	700
評価・換算差額等	150
新 株 予 約 権	150
負債・純資産合計	2,500

貸借対照表の一部 第2期	
流 動 負 債	700
固 定 負 債	1,000
株 主 資 本	1,300
評価・換算差額等	0
新 株 予 約 権	0
負債・純資産合計	3,000

● 総資本増減率

総資本増減率は、前期末の総資本と比較して当期末の総資本がどれだけ増減したかを示しています。

$$総資本増減率（\%）= \frac{当期末総資本 - 前期末総資本}{前期末総資本} \times 100$$

・・・ 値が⦅大⦆で

企業の経営成果は総資本の増加に結びつきます。そのため、総合的な成長性を判定できる総資本増減率の測定は重要な指標だといえます。

　したがって、CASE74の総資本増減率は次のようになります。

CASE74の総資本増減率

$$総資本増減率：\frac{3,000円 - 2,500円}{2,500円} \times 100 = 20\%$$

自己資本増減率

自己資本だって、配当の支払いは要求されるよね？

負債と違って、最悪の場合返済しなくてもいいんです。

CASE74の続きです。こんどは自己資本でみてみましょう。自己資本はどれくらい増減しているのでしょうか。

例 CASE74の資料にもとづいて、ゴエモン㈱の2期間の自己資本増減率を算定しなさい（単位：円）。

自己資本増減率

　自己資本増減率は、前期末の自己資本と比較して当期末の自己資本がどれだけ増減したかを示しています。

$$自己資本増減率(\%) = \frac{当期末自己資本 - 前期末自己資本}{前期末自己資本} \times 100$$

・・・ 値が大で

　自己資本の増加は利益の内部留保の増加や、増資などにもとづく自己資本調達を意味しています。

　そのため、自己資本増減率は企業が安定経営するための基盤がどれだけ強化されたかを判定できる指標だといえます。

したがって、CASE75の自己資本増減率は次のようになります。

CASE75の自己資本増減率

自己資本増減率：$\dfrac{1,300\,円 - 1,000\,円}{1,000\,円} \times 100 = 30\%$

参考　総資本増減率と自己資本増減率の注意点

CASE74とCASE75では、総資本増減率や自己資本増減率の増加は企業にとって良い傾向を示していると学習しました。

しかし、総資本の増加や、自己資本の増加を単純に喜ぶのにはいくつか問題があります。

総資本は、借入金の増加などでも増加します。借入金の増加によって、支払利子が大きくなれば、それは企業経営にとって決してプラスになっているとはいえません。

また、自己資本が増えた場合も、資本コスト（配当金の支払いの増加など）が大きくなり、結果として企業経営を圧迫することもあります。

総資本増減率と自己資本増減率は、他の分析結果とあわせて判定に使わないと、誤った判断をしてしまうかもしれないということに注意しましょう。

第7章

財務分析の基本的手法

この章では、今までに学習した
さまざまな指標について、いくつかの観点から
整理します。

比較対象が自社なのか他社なのか、
実数と比率、どちらで分析するのか…。
ここまでの学習を
振り返りながらみていきましょう。

財務分析の基本的手法

この章はまた
新しい内容ですか？

あいや、

今まで習ったことを
別の観点から
分類し直すだけじゃな。

財務分析の手法には、
いろいろなものがある
ため、各手法の特徴を把握し、
正しく使う必要があります。
この章では、各手法の大まか
な分類をおさえてください。

財務分析の基本的手法

　財務分析は、目的によっていくつかの手法を使い分けていく
必要があります。

　財務分析の基本的手法は、次の3つに区分することができま
す。

財務分析の基本的手法

●静態分析（一期間の分析）
　動態分析（複数期間の分析）

●自己単一分析（特定企業の一期間の分析）
　自己比較分析（特定企業の複数期間の分析）
　企業間比較分析（特定企業と他社または業界の分析）

●実数分析（実数法）
　比率分析（比率法）

CASE 77 財務分析の基本的手法

静態分析と動態分析

静かに分析…。

ここでは、静態分析と動態分析について、みてみましょう。

これまでに学習した指標が、どちらにあてはまるのかを考えながら学習してください。

静態分析

静態分析とは、一時点または一期間のデータにもとづいて行われる分析をいいます。

たとえば、当期の完成工事高に対する当期純利益の割合を分析した完成工事高当期純利益率が静態分析になります。

動態分析

動態分析とは、前期および当期といった複数期間のデータにもとづいて比較考量的に行われる分析をいいます。

たとえば、前期末の現金と当期末の現金を比較した現金の増減分析が動態分析になります。

自己単一分析

どれが自己単一分析
だったんだろう？

ここでは、自己単一分析をみてみましょう。
これまでに学習してきた指標のどれが自己単一分析だったのか、振り返りつつ学習してください。

自己単一分析とは

CASE77の区分
でいうと、静態分
析に含まれます。

　自己単一分析とは、特定の企業（自己）の一時点または一期間のデータにもとづいて行われる分析をいいます。

　自己単一分析では、具体的に次のような指標を分析します。

> ・資本利益率（CASE 6 ）
> ・損益分岐点（CASE14）
> ・当座比率（CASE25）
> ・資本回転率（CASE53）　など

自己比較分析

複数期間を比較！

昔のゴエモン　今のゴエモン

次に、自己比較分析についてみてみましょう。自己単一分析との違いに気をつけてください。

自己比較分析とは

自己比較分析とは、特定企業（自己）の複数期間のデータにもとづいて比較考量的に行われる分析をいいます。

CASE77の区分でいうと、動態分析に含まれます。

自己比較分析には、具体的に次のような分析があります。

> ・完成工事高増減率（CASE69）
> ・付加価値増減率（CASE70）
> ・総資本増減率（CASE74）
> ・自己資本増減率（CASE75）　など

企業間比較分析

いざ、勝負！

かかってこい！

これまでは、ゴエモン㈱単独で分析を行うことが多かったですが、ここでは、ライバル企業との比較という形で、分析してみましょう。

例 次の資料にもとづいて、ゴエモン㈱とクロキチ㈱の２期間の総資本増減率と、第２期の流動負債比率をそれぞれ比較しなさい（単位：円）。

［資 料］

ゴエモン㈱
貸借対照表の一部

	第１期	第２期
流動負債	500	500
固定負債	1,000	1,500
自己資本	1,000	1,000

クロキチ㈱
貸借対照表の一部

	第１期	第２期
流動負債	500	1,000
固定負債	1,000	1,000
自己資本	1,000	1,000

企業間比較分析とは

企業間比較分析とは、特定企業（自己）と同業他社または業界全体との比較を行う分析をいいます。

企業間比較分析を、**クロス・セクション分析**ということもあります。

これまでに学習してきたことを踏まえてCASE80のゴエモン㈱とクロキチ㈱を比較してみましょう。

企業間比較分析には、静態分析も動態分析もあります。

CASE80のゴエモン㈱とクロキチ㈱の比較

ゴエモン㈱

総資本増減率：$\dfrac{3,000円 - 2,500円}{2,500円} \times 100 = 20\%$

流動負債比率：$\dfrac{500円}{1,000円} \times 100 = 50\%$

クロキチ㈱

総資本増減率：$\dfrac{3,000円 - 2,500円}{2,500円} \times 100 = 20\%$

流動負債比率：$\dfrac{1,000円}{1,000円} \times 100 = 100\%$

　総資本増減率で、ゴエモン㈱とクロキチ㈱を比較すると、どちらも20％なので、成長性では優劣をつけることができません。

　しかし、流動負債比率を比較すると、ゴエモン㈱は50％であるのに対して、クロキチ㈱は100％となっています。

　流動負債比率は、値が低い方が企業にとって良い傾向を示しているので、ゴエモン㈱の方がクロキチ㈱よりも安全性が高いといえます。

実数分析（実数法）

財務諸表を使って分析！

財務諸表の数値などを使って分析する方法を実数分析といいます。
実数分析にはどのようなものがあるのかみてみましょう。

実数分析とは

実数分析を、実数法ということもあります。

実数分析とは、財務諸表上の数値などの会計データまたはその他のデータ（従業員の人数など）の実数そのものを分析の対象とすることをいいます。

実数分析の区分

実数分析には、次のような分析があります。

> ・単純実数分析（CASE82）
> ・比較増減分析（CASE83）
> ・関数均衡分析（CASE84）

単純実数分析

まずは、単純なものから。

実数分析のうち、もっとも単純な形が単純実数分析です。
まずは、単純実数分析がどのようなものなのかみてみましょう。

単純実数分析とは

単純実数分析とは、単純にデータの実数そのものを分析の対象とする手法をいいます。

単純実数分析の種類

単純実数分析には、控除法と切下法などがあります。

(1) 控除法

控除法とは、関係する2項目の実数の差額を算定し、その差額の適否を検討する方法です。

具体的には、次のようなものがあります。

① 流動資産と流動負債の差額（つまり運転資本）を計算し、企業の短期的な支払能力を判定します。単純な信用分析に利用されます。

② 売上高（完成工事高）から、変動費を控除して限界利益を計算し、固定費の回収能力を判定します。ＣＶＰ分析の基本といえます。

③　売上高（完成工事高）から、前給付費用（材料費など）を控除して付加価値を計算します。生産性分析の基礎資料になります。

⑵　切下法

切下法とは、資産をその時価などの財産換金価値まで切り下げ、その財産換金価値を分析の対象とする方法をいいます。

企業の清算などの特殊な場合にのみ用いられる方法です。

比較増減分析

比較して分析。

過去のデータと比較することで、いろいろな分析をすることができます。ここでは、企業の代表的なデータである損益計算書の比較分析をみてみましょう。

例 次の比較損益計算書を完成させなさい。

比較損益計算書　　　　　（単位：円）

摘　　　要	前期	当期	差額 増加	差額 減少
完 成 工 事 高	2,000	2,200		
完 成 工 事 原 価	1,600	1,750		
完成工事総利益	400	450		
販　　売　　費	220	240		
一 般 管 理 費	80	70		
営 業 利 益	100	140		
営 業 外 収 益	50	50		
営 業 外 費 用	40	40		
経 常 利 益	110	150		
特 別 利 益	20	30		
特 別 損 失	30	40		
税引前当期純利益	100	140		
法人税、住民税及び事業税	50	70		
当 期 純 利 益	50	70		

比較増減分析とは

比較増減分析とは、複数期間の実数データを比較して差額を算定し、その増減の原因を分析する手法をいいます。

比較増減分析の種類

比較増減分析には、利益増減分析や資金増減分析などがあります。

(1) 利益増減分析

利益増減分析とは、複数期間の利益（通常は、前期と当期の利益）を比較して差額を算定し、その増減の原因を分析することをいいます。

具体的には、次のようなものがあります。

利益増減分析 —┬— ① 比較損益計算書
　　　　　　　　└— ② 利益増減分析表

① 比較損益計算書

比較損益計算書とは、複数期間の損益計算書（通常は、前期と当期の損益計算書）を比較して各項目の増減額を示したものです。

これにより、各損益項目を比較し、その増減を分析することで、利益の増減原因を分析することができますが、各損益項目の増減が最終的な利益の増減に与える影響までは明確にできません。

それでは、CASE83の比較損益計算書を完成させてみましょう。

CASE83の比較損益計算書

比較損益計算書は、各項目ごとに差額を計算していく必要があります。

比較損益計算書　　　（単位：円）

摘　　　　　要	前期	当期	差額 增加	差額 減少
完 成 工 事 高	2,000	2,200	200	
完 成 工 事 原 価	1,600	1,750	150	
完成工事総利益	400	450	50	
販 　 売 　 費	220	240	20	
一 般 管 理 費	80	70		10
営 業 利 益	100	140	40	
営 業 外 収 益	50	50		
営 業 外 費 用	40	40		
経 常 利 益	110	150	40	
特 別 利 益	20	30	10	
特 別 損 失	30	40	10	
税引前当期純利益	100	140	40	
法人税、住民税及び事業税	50	70	20	
当 期 純 利 益	50	70	20	

　なお、各利益の数値に（　）をつけるものもあります。問題文の指示に従いましょう。

② 利益増減分析表

　利益増減分析表とは、比較損益計算書をさらに発展させたもので、比較損益計算書で示された各項目の増減額を利益の増減原因別に分類したものをいいます。

　どの損益項目の増減が最終的な利益の増減に大きく影響を与えているかを明確にできるため、将来の収益性の改善に有用な情報を入手することができます。

　さきほど完成させた比較損益計算書を、当期純利益増減分析表にすると、次のようになります。

当期純利益増減分析表　　　（単位：円）

当期純利益増加の原因				
完成工事高の増加				
	前期	2,000		
	当期	2,200	200	
一般管理費の減少				
	前期	80		
	当期	70	10	
特別利益の増加				
	前期	20		
	当期	30	10	
当期純利益の増加				220
当期純利益減少の原因				
完成工事原価の増加				
	前期	1,600		
	当期	1,750	150	
販売費の増加				
	前期	220		
	当期	240	20	
特別損失の増加				
	前期	30		
	当期	40	10	
法人税、住民税及び事業税の増加				
	前期	50		
	当期	70	20	
当期純利益の減少				200
当期純利益の純増加				20

当期純利益を増加
させる項目と、減
少させる項目を
しっかり区別しま
しょう。

188

(2)　資金増減分析

資金増減分析とは、前期末の資金と当期末の資金とを比較して差額を算定し、その増減の原因を分析することをいいます。

資金増減分析の具体的なものとしては、次のような資金計算書の分析などが挙げられます。

資金増減分析	①	キャッシュ・フロー計算書の分析
	②	(正味運転資本型)資金運用表の分析

忘れてしまった人は、第3章安全性分析を復習してください。

財務分析の基本的手法

関数均衡分析

関数といっても、試験に出るのは、簡単なものばかり。

目標利益などを設定することで、そこまでの道程を数字で示すことができます。
目標を達成する営業量などを数字で示すことにより経営計画がたてやすくなります。

関数均衡分析とは

　関数均衡分析とは、資本、収益、費用などのデータ相互間の均衡点や分岐点を図表や数式を用いて計算し、分析することをいいます。

関数均衡分析の種類

　関数均衡分析には、次のようなものがあります。

損益分岐点分析も、資本回収点分析も第2章で学習しましたね。

(1) 損益分岐点分析

　損益分岐点とは、売上高(完成工事高)とそのコストが一致する点をいいます。

(2) 資本回収点分析

　資本回収点とは、売上高（完成工事高）と総資本が一致する点、すなわち資本の投下が一定期間に一回転して同額の売上高（完成工事高）を確保する点をいいます。

(3) キャッシュ・フロー分岐点分析

　キャッシュ・フロー分岐点とは、企業における事業収入と事業支出とが一致する均衡点をいい、キャッシュのバランス構造を分析するために役立てます。

実数分析の長所と短所

短所もあるのか…。

実数分析はわかりやす
い分析手法ですが、短
所もあります。
ここでは、実数分析の長所
と短所をみてみましょう。

🔵 実数分析の長所

実数分析の長所としては、財務諸表上の数値などの会計デー
タまたはその他のデータの実数そのものを分析の対象とするこ
とから、わかりやすく誤解を少なくすることができるという点
が挙げられます。

🔵 実数分析の短所

企業規模が異なる場合、企業間比較を有効に行うことができ
ません。

たとえば、企業規模が異なるのに、単純に利益の金額という
実数だけで比較して企業間の収益性の優劣を判断することは合
理的ではありません。なぜなら、資本の金額が大きくなれば、
それにより獲得される利益の金額も大きくなるのが当然だから
です。

この短所を補うた
めに、CASE86か
ら学習する比率分
析をします。

比率分析（比率法）

そうだ！
比率で分析すれば、いいんだ！

比率分析を用いること で、実数分析の短所を 補うことができます。
まずは、比率分析がどのよ うなものなのかみてみましょ う。

比率分析とは

比率分析とは、相互に関係するデータ間の割合である比率を 算定して分析することをいいます。

比率分析を、比率法ということもあります。

比率分析の分類

比率分析には、次のようなものがあります。

・構成比率分析（百分率法）（CASE87）
・関係比率分析（特殊比率分析）（CASE88）
・趨勢比率分析（CASE89）

財務分析の基本的手法

構成比率分析（百分率法）

企業が成長するにしたがって、勘定科目が増え、金額も大きくなると、財務分析が複雑になってしまいます。

そんなときは、百分率でデータを表示する構成比率分析を使います。

例 次の百分率貸借対照表を完成させなさい。

百分率貸借対照表

項目	金額（円）	百分率（%）	項目	金額（円）	百分率（%）
流 動 資 産	100		流 動 負 債	300	
固 定 資 産			固 定 負 債	200	
有形固定資産	500		負 債 合 計	500	
無形固定資産	200		資 本 金	250	
投資その他の資産	150		資 本 剰 余 金	150	
繰 延 資 産	50		利 益 剰 余 金	100	
			純 資 産 合 計	500	
資 産 合 計	1,000		負債純資産合計	1,000	

構成比率分析とは

　構成比率分析とは、全体の数値に対する構成要素の数値の割合である比率（構成比率）を算定して分析することをいい、百分率法ともよばれています。

構成比率分析の特徴

各項目が百分率という共通の尺度によって示されるため、財務諸表を構成する各要素の相互関係（各項目の相対的な大きさ等）を明確に把握することができます。

百分率で示されるため容易に分析でき、期間比較や企業間比較がわかりやすくなるという点も長所として挙げられます。

構成比率分析の種類

構成比率分析には、次のようなものがあります。

(1) 百分率貸借対照表

百分率貸借対照表とは、総資産額（総資本額）を100％とし、その他の項目を総資産額（総資本額）に対する百分率で示したものをいいます。

では、CASE87を解きながら、百分率貸借対照表がどのような形式なのかみてみましょう。

CASE87の百分率貸借対照表

百分率貸借対照表の作成は、各項目ごとに計算していく必要があります。

百分率貸借対照表

項目	金額(円)	百分率(%)	項目	金額(円)	百分率(%)
流 動 資 産	100	10.00	流 動 負 債	300	30.00
固 定 資 産			固 定 負 債	200	20.00
有形固定資産	500	50.00	負 債 合 計	500	50.00
無形固定資産	200	20.00	資 本 金	250	25.00
投資その他の資産	150	15.00	資本剰余金	150	15.00
繰 延 資 産	50	5.00	利益剰余金	100	10.00
			純資産合計	500	50.00
資 産 合 計	1,000	100.00	負債純資産合計	1,000	100.00

固定資産の比率は、有形固定資産、無形固定資産、投資その他の資産の比率を足した85.00％になります。

(2) 百分率損益計算書

　百分率損益計算書とは、完成工事高（売上高）を100％とし、その他の項目を完成工事高（売上高）に対する百分率で示したものをいいます。

百分率損益計算書

項　　　目	金額（円）	百分率(%)
完　成　工　事　高	1,000	**100.00**
完　成　工　事　原　価	600	60.00
完　成　工　事　総　利　益	400	40.00
販売費及び一般管理費	250	25.00
営　　業　　利　　益	150	15.00
営　業　外　収　益	125	12.50
営　業　外　費　用	150	15.00
経　　常　　利　　益	125	12.50
特　　別　　利　　益	50	5.00
特　　別　　損　　失	75	7.50
税　引　前　当　期　純　利　益	100	10.00
法人税、住民税及び事業税	40	4.00
当　　期　　純　　利　　益	60	6.00

(3) 百分率キャッシュ・フロー計算書

百分率キャッシュ・フロー計算書とは、営業活動による収入を100%とし、その他の項目を営業活動による収入に対する百分率で示したものをいいます。

百分率キャッシュ・フロー計算書

項　　　目	金額（円）	百分率(%)
営業活動による収入	1,000	**100.00**
営業活動による支出	－ 600	－ 60.00
営業活動によるキャッシュ・フロー	400	40.00
投資活動による収入	200	20.00
投資活動による支出	－ 300	－ 30.00
投資活動によるキャッシュ・フロー	－ 100	－ 10.00
財務活動による収入	250	25.00
財務活動による支出	－ 100	－ 10.00
財務活動によるキャッシュ・フロー	150	15.00
現金及び現金同等物に係る換算差額	－ 50	－ 5.00
現金及び現金同等物の増加額	400	40.00

(4) 百分率製造原価報告書（百分率完成工事原価報告書）

百分率製造原価報告書（建設業では百分率完成工事原価報告書）とは、完成工事原価を100%とし、その他の項目を完成工事原価に対する百分率で示したものをいいます。

百分率完成工事原価報告書

項　　　目	金額（円）	百分率(%)
材　　料　　費	240	40.00
労務費（労務外注費）	180	30.00
外　　注　　費	108	18.00
経　　　　　費	72	12.00
完　成　工　事　原　価	600	**100.00**

関係比率分析 （特殊比率分析）

異業種の会社とは、うまく
比較できないこともあるの？

たとえばじゃな、

もともと固定資産が多い業種と
そうでない業種がある。

それらで固定資産
回転率を比較しても
意味ないじゃろ。

企業規模が異なる複数
の会社を比較するとき、
関係比率分析を使えば企業間
比較を有効に行うことができ
ます。

関係比率分析とは

関係比率分析とは、相互に関係する項目間の比率（関係比
率）を算定し、企業の収益性、流動性、健全性、活動性、生産
性などを分析することをいいます。

関係比率分析の長所

企業規模が異なる場合であっても、企業間比較を有効に行う
ことができます。

> 関係比率に限ら
> ず、比率分析全体
> にいえる特徴で
> す。

関係比率分析の短所

比較する企業の業種や会計処理基準が異なる場合には、比較
可能性が弱まり、比較を有効に行うことができません。

関係比率分析を確認目的別に体系化

関係比率分析を、財務分析の確認目的との関連を体系化して
示すと、次のようになります。

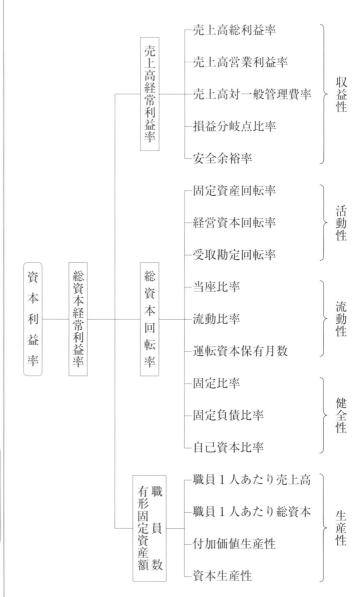

資本利益率 ― 総資本経常利益率 ― 売上高経常利益率
- 売上高総利益率 ┐
- 売上高営業利益率 │
- 売上高対一般管理費率 ├ 収益性
- 損益分岐点比率 │
- 安全余裕率 ┘

総資本回転率
- 固定資産回転率 ┐
- 経営資本回転率 ├ 活動性
- 受取勘定回転率 ┘
- 当座比率 ┐
- 流動比率 ├ 流動性
- 運転資本保有月数 ┘
- 固定比率 ┐
- 固定負債比率 ├ 健全性
- 自己資本比率 ┘

職員数 有形固定資産額
- 職員1人あたり売上高 ┐
- 職員1人あたり総資本 │
- 付加価値生産性 ├ 生産性
- 資本生産性 ┘

ここでは、一般的な企業にあわせて「売上高」を使っていますが、建設業では「完成工事高」を使って分析します。

ピシッ!

趨勢比率分析

2期間の比較はこれまでにも学習しましたが、3期間以上の比較となると、比較の基準をどこに置くかという問題が生じます。

例 次の完成工事高の趨勢比率分析をしなさい。

完成工事高の趨勢比率分析

	金額（円）	百分率（%）	
		固定基準法	移動基準法
第1期	1,000	100.00	100.00
第2期	1,200		
第3期	960		
第4期	1,248		

趨勢比率分析とは

　ある年度を基準年度とし、その基準年度の財務諸表上の数値に対するその後の各年度の財務諸表上の数値の比率（趨勢比率）を算定して分析する方法をいいます。

趨勢比率分析の種類

　趨勢比率分析には、固定基準法と移動基準法があります。

(1) 固定基準法

　固定基準法とは、基準年度を固定して、趨勢比率を算定する方法です。

趨勢損益計算書

項目	第1期 金額（円）	第1期 百分率（％）	第2期 金額（円）	第2期 百分率（％）	第3期 金額（円）	第3期 百分率（％）
完 成 工 事 高	1,000	100.00	1,200	120.00	960	96.00
完 成 工 事 原 価	600	100.00	700	116.67	480	80.00
完成工事総利益	400	100.00	500	125.00	480	120.00
販売費及び一般管理費	250	100.00	300	120.00	200	80.00
営 業 利 益	150	100.00	200	133.33	280	186.67
営 業 外 収 益	125	100.00	150	120.00	125	100.00
営 業 外 費 用	150	100.00	90	60.00	120	80.00
経 常 利 益	125	100.00	260	208.00	285	228.00
特 別 利 益	50	100.00	100	200.00	75	150.00
特 別 損 失	75	100.00	75	100.00	90	120.00
税引前当期純利益	100	100.00	285	285.00	270	270.00
法人税、住民税及び事業税	40	100.00	105	262.50	100	250.00
当 期 純 利 益	60	100.00	180	300.00	170	283.33

趨勢比率分析を使うと、成長性の分析に役立てることができます。

$$\frac{180円}{60円} \times 100 = 300\%$$

固定基準法では、第1期を基準年度として固定しています。

$$\frac{170円}{60円} \times 100 = 283.33\%$$

(2) 移動基準法

移動基準法とは、前年度を基準年度として趨勢比率を算定する方法です。

完成工事高の趨勢比率分析

	金額（円）	百分率（%）
第1期	1,000	100.00
第2期	1,200	120.00
第3期	960	80.00
第4期	1,248	130.00

$\dfrac{1,200円}{1,000円} \times 100 = 120\%$

$\dfrac{960円}{1,200円} \times 100 = 80\%$

$\dfrac{1,248円}{960円} \times 100 = 130\%$

移動基準法では、基準年度が移動していきます。

CASE89のように、固定基準法と移動基準法をあわせた形式もあります。

CASE89の完成工事高の趨勢比率分析

固定基準法と移動基準法を別々に算定していきます。

完成工事高の趨勢比率分析

	金額（円）	百分率（%）	
		固定基準法	移動基準法
第1期	1,000	100.00	100.00
第2期	1,200	120.00	120.00
第3期	960	96.00	80.00
第4期	1,248	124.80	130.00

● 趨勢比率分析の長所

　趨勢比率分析には比率の算定が容易であるという長所があります。また、経営成績などの動向も容易に把握できるという点も挙げられます。

● 趨勢比率分析の短所

　趨勢比率分析では、現在の財政状態や経営成績などの問題点がわかりにくいという短所があります。

　また、基準年度の選び方によっては、経営成績などの動向を把握することが困難になってしまうという短所もあります。

CASE
90

財務分析の基本的手法

財務分析のまとめ

とりあえず、表にまとめておこうかの。

チェックリストとして使ってもよいぞ。

たくさん、出てきたね。

ここでは、学習してきた財務分析を区分ごとにまとめています。
どんなものがあったでしょうか?

財務分析の基本的手法のまとめ

第7章では、さまざまな財務分析の手法について学習してきました。CASE90ではこれまで学習してきた財務分析の基本的手法をさまざまな観点から、まとめてみます。

(1) 確認目的の観点からの区分

財務分析	収益性分析（第2章）	
	安全性分析 （第3章）	流動性分析（CASE23〜36）
		健全性分析（CASE37〜47）
		資金変動性分析（CASE48〜51）
	活動性分析（第4章）	
	生産性分析（第5章）	
	成長性分析（第6章）	

第1章で学習した区分と同じ内容ですが、(2)以降の区分との違いに注目してください。

ピタッ

第7章で学習したものばかりです。1つ1つの用語の意味を確認してみてください。

(2)　**基本的手法の観点からの区分①**

財務分析	静態分析	自己単一分析
		企業間比較分析
	動態分析	自己比較分析
		企業間比較分析

(3)　**基本的手法の観点からの区分②**

財務分析	実数分析	単純実数分析	控除法	
			切下法	
		比較増減分析	利益増減分析	比較損益計算書
				利益増減分析表
			資金増減分析	キャッシュ・フロー計算書
				正味運転資本型資金運用表
		関数均衡分析	損益分岐点分析	
			資本回収点分析	
	比率分析	構成比率分析	百分率貸借対照表	
			百分率損益計算書	
			百分率キャッシュ・フロー計算書	
		関係比率分析	収益性	
			流動性	
			健全性	
			活動性	
			生産性	
		趨勢比率分析	趨勢損益計算書	固定基準法
				移動基準法

(4) 財務諸表の分析の観点からの区分①

貸借対照表の分析は、次のようなものがあります。

実数分析	単純実数分析		
	比較増減分析 （資金増減分析）	比較貸借対照表	
		正味運転資本型資金運用表	
	関数均衡分析	資本回収点分析	
比率分析	構成比率分析	百分率貸借対照表	
	関係比率分析 （特殊比率分析）	流動性	流動比率、 当座比率など
		健全性	自己資本比率、 固定比率など
	趨勢比率分析	完成工事未収入金の趨勢比率分析など	

(5) 財務諸表の分析の観点からの区分②

損益計算書の分析は、次のようなものがあります。

実数分析	単純実数分析		
	比較増減分析 （利益増減分析）	比較損益計算書	
		利益増減分析表	
	関数均衡分析	損益分岐点分析	
比率分析	構成比率分析	百分率損益計算書	
	関係比率分析 （特殊比率分析）	収益性	資本利益率、 完成工事高利益率など
	趨勢比率分析	趨勢損益計算書	

⑹ 財務諸表の分析の観点からの区分③

　キャッシュ・フロー計算書の分析は、次のようなものがあります。

実数分析	単純実数分析	
	比較増減分析 (キャッシュ・フロー増減分析)	比較キャッシュ・フロー計算書
		キャッシュ・フロー増減分析表
	関数均衡分析	キャッシュ・フロー分岐点分析
比率分析	構成比率分析	百分率キャッシュ・フロー計算書
	関係比率分析 (特殊比率分析)	営業キャッシュ・フロー対流動負債比率
	趨勢比率分析	趨勢キャッシュ・フロー計算書

第8章

総合評価の手法

今までいろいろな分析を
学習してきたけど、
企業全体を評価するには、
どうすべきだろう？

ここでは企業全体を評価するために、
総合評価の手法について
みていきましょう。

総合評価の手法

総合評価の必要性

今までの財務分析だけじゃだめなんですか？

個々の指標だけでは、企業全体の評価はできないんじゃ。

? 収益性は高いのに安全性は低い会社や、生産性は高いのに活動性の低い会社は、良い会社なのでしょうか？ 悪い会社なのでしょうか？
ここでは総合評価についてみていきます。

総合評価の必要性

これまではさまざまな財務分析の手法によって、企業の収益性や安全性といった確認目的別の評価を個別に検討してきました。

しかし、個々の指標だけでは企業全体の評価を行うことができません。

そこで、企業全体の評価を行うために、総合評価が必要になります。

総合評価の区分

総合評価は**外部分析**と**内部分析**に分けることができ、それぞれに必要性が異なります。

総合評価の区分

●外部分析における総合評価
　企業のランキングなどに使用
●内部分析における総合評価
　企業経営のために使用

---

(1) 外部分析における総合評価の必要性

　外部分析における総合評価は、企業のランキングなどを行うために必要になります。

　債権者保護の観点から実施される社債の格付け、投資家保護の観点から実施される株式上場の審査基準としての企業評価、建設業における公共工事への参加資格審査としての経営事項審査（経審）などが典型です。

(2) 内部分析における総合評価の必要性

　内部分析における総合評価は、経営政策、経営戦略、経営管理といった企業経営のあらゆる局面と関係しています。

　たとえば、収益性は良好であるが、健全性は不良であるような状況は今後の経営戦略などの企業経営に大きな影響を与えます。

● 総合評価の手法の種類

　総合評価の手法には、次のようなものがあります。

区分	名称	
図形化による総合評価法	レーダー・チャート法	
	象形法	フェイス分析法
		ツリー分析法
点数化による総合評価法	指数法 （ウォール指数法）	
	考課法	
多変量解析を利用する 総合評価法	主成分分析法	
	因子分析法	
	判別分析法	
財務諸表データに もとづく企業評価法	純資産額法	
	収益還元価値法	

図形化による総合評価法

数字をただ並べるだけでは、わかりにくく、説明しにくいものです。
そこで、総合評価を視覚的にわかりやすくするため、図形で表すことがあります。

🐾 図形化による総合評価法とは

図形化による総合評価法とは、選択した複数の指標を何らかの図形によって示すことで、視覚的に企業の総合評価を行う手法をいいます。

🐾 図形化による総合評価法の種類

図形化による総合評価法には、レーダー・チャート法や象形法などがあります。

CASE
93

総合評価の手法

レーダー・チャート法

まずは、図形化による総合評価法のうち、代表的なレーダー・チャート法についてみてみましょう。

● レーダー・チャート法とは

　レーダー・チャート法とは、円の中に選択した複数の指標を記入し、平均値との乖離の程度を視覚的に確認することによって、企業の総合評価を行う方法をいいます。

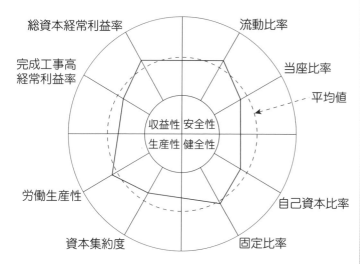

このレーダー・チャートでは、点線で描かれた円が各指標の平均値を示しています

総合評価の手法

象形法

> イケメンが
> 有利ということか！

> そういうことじゃ
> ないでしょ……

? 図形化による総合評価法を、もっと視覚的にするとどうなるのでしょうか？
ここでは、象形法についてみてみます。

● 象形法とは

象形法とは、人間の顔や樹木などの図形により、視覚的に企業の総合評価を行う方法をいいます。

(1) フェイス分析法

フェイス分析法とは、人間の顔の図形、すなわちうれしいときの表情や悲しいときの表情などにより、視覚的に企業の総合評価を行う方法をいいます。

> 絶好調！

> イマイチ。

ゴエモン株式会社　　　　クロキチ株式会社

フェイス分析法では、口の反り具合や鼻の長さを、従業員1人あたり売上高や使用総資本に結びつけて、顔の表情を作ります。

⑵　ツリー分析法

　ツリー分析法とは、フェイス分析法の顔の表情に代わって樹木（ツリー）によって企業の総合評価を行う方法をいいます。

　ツリー分析法では、枝の数や幹の太さを、従業員1人あたり売上高や使用総資本に結びつけて、樹木（ツリー）を描きます。

ゴエモン株式会社

クロキチ株式会社

総合評価の手法

点数化による総合評価法

ウェイトの設定が
重要なのか。

これまでに学習してきた指標には、重要性の高いものや低いものがあります。

そこで、重要な指標については点数のウェイトを高くしてやれば、総合評価ができそうです。

点数化による総合評価法とは

点数化による総合評価法とは、指標を点数化して分析する方法をいいます。

点数化による総合評価法の種類

点数化による総合評価法には、指数法（ウォール指数法）と考課法があります。

指数法（ウォール指数法）では、標準状態を100として分析し、考課法ではどの範囲であれば何点になるかという考課表を作成して分析します。

指数法（ウォール指数法）

計算方法が面倒そう…。

ウェイトが高い項目は、重点的に評価される。

ペーパーテストでいうと、配点比率にあたるな。

点数化による総合評価法のうち、指数法についてみてみましょう。

指数法（ウォール指数法）とは

指数法とは、標準状態にあるものの指数を100とし、分析対象の指数が100を上回るか否かによって、企業の総合評価を行う方法をいいます。

指数法はウォールが開発した方法なので、ウォール指数法ともいいます。

指数法（ウォール指数法）ができた背景

ウォールは、それまで信用分析として重視されていた流動比率などの財務比率に統一性がないことに着目して、企業の総合的な評価ができる指数の算出法を開発しました。

指数法による総合評価表

実際に作ってみよう。

指数法とは、具体的にはどのようなものなのでしょうか？
ここでは、指数法による総合評価表を作成しながら、みてみましょう。

例 次の指数法による総合評価表を完成させなさい。

指数法による総合評価表

項目	A ウェイト	B 標準比率	C 評価企業比率	D 対比比率	E 評価指数
流 動 比 率	25	200	240		
固 定 比 率	15	220	198		
負 債 比 率	25	150	165		
受取勘定回転率	15	600	588		
棚卸資産回転率	5	800	816		
固定資産回転率	10	400	360		
自己資本回転率	5	300	285		
	100				

● 指数法による総合評価表

　指数法による総合評価表とは、指数法（ウォール指数法）を行うために作成する表のことです。

(1) 作成手順

　指数法による総合評価表を作成する手順は次のとおりです。

指数法による総合評価表の作成手順

順番	内容
①	流動比率や自己資本回転率などの比率を選択します
②	合計が100になるように、比率ごとにウェイトを付けます
③	企業の良否を判断するために効果的な**標準比率（基準比率）**をそれぞれ算定します
④	評価対象となる企業の**実際比率（評価企業比率）**を算定します
⑤	標準比率（基準比率）に対する実際比率（評価企業比率）の割合である**対比比率**を算定します
⑥	対比比率にウェイトを乗じて**評価指数**を算定します
⑦	評価指数を合計して総合点を算定します
⑧	総合点が100を上回っていれば良好、下回っていれば不良と判断します

(2) 作成上の注意点

　指数法による総合評価表では、選択した比率の値が大きければ良好、小さければ不良と判断するため、比率によっては通常の方法と異なる算定をしなければなりません。

　たとえば、固定比率、固定長期適合比率、負債比率などは通常であれば値が小さいほど良好と判断されますが、指数法による総合評価表で用いるためには算式の分母と分子を逆にする必要があります。

通常の算式

$$負債比率(\%) = \frac{負債}{自己資本} \times 100$$

指数法による総合評価法で用いる算式

$$負債比率(\%) = \frac{自己資本}{負債} \times 100$$

それでは、作成手順と注意点にしたがって、CASE97を解いてみましょう。

CASE97の指数法による総合評価表

指数法による総合評価表

項目	A ウェイト	B 標準比率	C 評価企業比率	D 対比比率	E 評価指数
流　動　比　率	25	200	240		
固　定　比　率	15	220	198		
負　債　比　率	25	150	165		
受取勘定回転率	15	600	588		
棚卸資産回転率	5	800	816		
固定資産回転率	10	400	360		
自己資本回転率	5	300	285		
	100				

問題によっては評価企業比率を自分で算定するものもあります。

A、Bなどのアルファベットは理解のために付していると考えてください。

CASE97の例では、すでに評価企業比率（C）が算定されています。

対比比率（D）は、標準比率（B）に対する評価企業比率（C）の割合なので、$\dfrac{C}{B} = D$として計算します。

指数法による総合評価表

項目	A ウェイト	B 標準比率	C 評価企業比率	D 対比比率	E 評価指数
流　動　比　率	25	200	240	1.20	
固　定　比　率	15	220	198	0.90	
負　債　比　率	25	150	165	1.10	
受取勘定回転率	15	600	588	0.98	
棚卸資産回転率	5	800	816	1.02	
固定資産回転率	10	400	360	0.90	
自己資本回転率	5	300	285	0.95	
	100				

次に、評価指数（E）を算定します。対比比率（D）にウェイト（A）を乗じた数値なので、$D \times A = E$となります。

指数法による総合評価表

項目	A ウェイト	B 標準比率	C 評価企業比率	D 対比比率	E 評価指数
流　動　比　率	25	200	240	1.20	30.00
固　定　比　率	15	220	198	0.90	13.50
負　債　比　率	25	150	165	1.10	27.50
受取勘定回転率	15	600	588	0.98	14.70
棚卸資産回転率	5	800	816	1.02	5.10
固定資産回転率	10	400	360	0.90	9.00
自己資本回転率	5	300	285	0.95	4.75
	100				104.55

　最後に、評価指数の合計を計算します。

　CASE97では、評価指数の合計が100を上回っているため、指数法による総合評価表は良好であることを示しています。

CASE 98

総合評価の手法

考課法

はい、当期の
ゴエモン㈱の評価。

え、通知表
ですか…。

ここでは、点数化による総合評価法のうち、考課法をみていきます。
考課法は建設業における経営事項審査にも使われている手法です。

例 次の資料にもとづいて、考課法によると、ゴエモン㈱の総資本経常利益率は何点になるか求めなさい。

［資料］
1. ゴエモン㈱の当期の経常利益は140円である。
2. ゴエモン㈱の総資本は前期末1,800円、当期末2,200円である。
3. 総資本経常利益率の経営考課表は、次のとおりである。

項目	a	b	c	d	e
総資本経常利益率	8％以上	8～5％	5～3％	3～1％	1％未満
（20点）	20点	15点	10点	5点	0点

考課法とは

考課法とは、点数化による総合評価法の一種です。複数の指標を選択し、各指標ごとに「どの範囲なら何点になる」といった経営考課表を作成し、この表に企業の実績値をあてはめることによって企業の総合評価を行う方法をいいます。

したがって、CASE98は次のようになります。

CASE98の考課法による総合評価

総資本（期中平均値）：(1,800円＋2,200円)÷2＝2,000円

総資本経常利益率：$\dfrac{140円}{2,000円} \times 100 = 7\%$

ゴエモン㈱の総資本経常利益率7％を、総資本経常利益率の経営考課表にあてはめます。

ゴエモン㈱の総資
本経常利益率7％

項目	a	b	c	d	e
総資本経常利益率	8％以上	8〜5％	5〜3％	3〜1％	1％未満
（20点）	20点	15点	10点	5点	0点

b（8〜5％）にあてはまるので、ゴエモン㈱の総資本経常利益率は15点となります。

多変量解析を利用する総合評価法

独自の統計分析によれば、3年後にゴエモン㈱が存続している確率は…

0.1%未満。

どうやって計算したの!?

深入りはしなくても大丈夫。

統計学じゃないしね。

ここでは、多変量解析を利用する総合評価法をみてみましょう。
建設業における経営事項審査はCASE98の考課法と多変量解析をあわせたものといえます。

多変量解析を利用する総合評価法とは

多変量解析を利用する総合評価法とは、統計学の多変量解析法を用いて企業の総合評価を行う方法をいいます。

多変量解析を利用する総合評価法の種類

多変量解析を利用する総合評価法には、次のようなものがあります。

統計学的な解説は省略しています。試験対策としては、深入りせず用語と簡単な内容だけをおさえてください。

(1) 主成分分析法

主成分分析法とは、多変量なデータをより少ない変数に要約し、相関するものをグループ化する方法をいいます。

(2) 因子分析法

因子分析法とは、主成分分析法と同様に多変量なデータをより少ない変数に要約する方法をいいます。

データの背後にある共通の因子を分析するための方法といえます。

(3) 判別分析法

判別分析法とは、複数の指標からなる総合評価式により、分

析対象企業がどのような群に属するかを判別する方法をいいます。

　企業を優良企業、不良企業、倒産企業などのように判別します。

CASE 100 総合評価の手法

財務諸表データにもとづく企業評価法

これは、計算が楽ですね。

実績データにもとづいて評価する方法じゃ。

総合評価の手法として挙げた4つの区分のうち、最後の財務諸表データにもとづく企業評価法をみてみましょう。

🔴 財務諸表データにもとづく企業評価法とは

財務諸表データにもとづく企業評価法とは、貸借対照表や損益計算書の実績データにもとづいて、総括的な企業評価指数を計算する方法をいいます。

🔴 財務諸表データにもとづく企業評価法の種類

財務諸表データにもとづく企業評価法の種類にはいくつかありますが、代表的なものとして次のようなものがあります。

⑴ 純資産額法（貸借対照表の数値にもとづく企業評価）

純資産額法とは、企業の資産から負債を差し引いた純資産額によって、企業の評価を行う方法をいいます。

資産や負債の金額に時価を用いて純資産の金額を算定する場合には、とくに**復成**純資産額法または**時価**純資産額法といいます。

⑵ 収益還元価値法（損益計算書の数値にもとづく企業評価）

収益還元価値法とは、企業の平均利益を公定歩合などの利子率で除した収益還元価値によって、企業の評価を行う方法をいいます。

経営事項審査（経審）による総合評価

そろそろ審査の時期ですが…。

ちょっと待ってて、着替えるから。

…服装チェックはありませんよ。

建設業の企業経営の総合評価には、経営事項審査、いわゆる経審と呼ばれるものがあります。試験への出題可能性は低いのですが、建設業経理士という資格に深く関係している審査なので、簡単にみてみましょう。

経営事項審査（経審）とは

　経営事項審査（経審）とは、国、地方公共団体、公団などが発注する建設工事（公共工事）の入札に参加する資格を判定するために実施される企業評価制度をいいます。

経営事項審査の概要

　経営事項審査は、**経営規模**（X1、X2）、**経営状況**（Y）、**技術力**（Z）、**社会性等**（W）という審査項目によって判定される建設業者の総合評価です。

　公共工事を請け負うための評価基準としてだけではなく、生産性の向上や経営の効率化に向けた企業努力を評価・後押しすることも目的としています。

経営事項審査の形式

経営事項審査は次のような審査内容になっています。

審査項目	具体的な審査内容	評点
経営規模（X1）	①建設工事の種類別完成工事高	2,268〜390
経営規模（X2）	①自己資本 ②利払前税引前償却前利益	2,280〜454
経営状況（Y）	①純支払利息比率 ②負債回転期間 ③総資本売上総利益率 ④売上高経常利益率 ⑤自己資本対固定資産比率 ⑥自己資本比率 ⑦営業キャッシュ・フロー ⑧利益剰余金	1,595〜　0
技術力（Z）	①建設業の種類別技術職員の数 ②建設工事の種類別元請完成 　工事高	2,366〜450
社会性等（W）	①労働福祉の状況 ②建設業の営業年数 ③防災協定締結の有無 ④法令遵守の状況 ⑤監査の受審状況 ⑥**公認会計士等の数** ⑦研究開発費	1,750〜　0
総合評点（P）	次の算式で評価 $0.25 \times X1 + 0.15 \times X2 + 0.20 \times Y + 0.25 \times Z + 0.15 \times W$	2,082〜278

公認会計士等の数には、建設業経理士1級と2級の取得者も含まれます。

ビシッ八

財務データをもとにした審査

経営事項審査には財務データをもとに実施されるものがあります。

ここでは、X2とYの各指標の算出式を解説していきます。

概要を簡単におさえておきましょう。

(1) 経営規模（X2）

① 自己資本＝貸借対照表の純資産の部

自己資本の審査には、純資産の部の合計金額を用います
が、これは直近の決算の数値か、直近2期の平均値のうち
有利な方を選択できることになっています。

② 利払前税引前償却前利益＝営業利益＋減価償却実施額

利払前税引前償却前利益の審査には、営業利益に減価償
却実施額を加えます。

減価償却実施額とは、当期の減価償却手続によって計上
した減価償却費の総額をいいます。

なお、経営事項審査では、利払前税引前償却前利益の直
近2期の平均値で審査をします。

(2) 経営状況（Y）

① 純支払利息比率(%) ＝ $\dfrac{支払利息－受取利息及び配当金}{売上高} \times 100$

純支払利息比率は、借入金等の有利子負債から生じる支
払利息から、貸付金を含めた金融資産から生じる受取利息
及び配当金を差し引いた純金利の負担が、売上高に対して
どの程度であるかを示すためのものです。

② 負債回転期間(月) ＝ $\dfrac{負債}{売上高 \div 12}$

負債回転期間は、借入金等の有利子負債にかぎらず、無
利子負債を含む負債の総額が1カ月あたりの売上高に対し
てどれくらいかを算定するものです。

③ 総資本売上総利益率(%) ＝ $\dfrac{売上総利益}{総資本} \times 100$

総資本は、期中平
均値を使用します。

総資本売上総利益率は、企業がすべての経営活動に投下
した資本に対して、売上から売上原価を差し引いた粗利が
どの程度であるかを算定するものです。

④ 売上高経常利益率(%) ＝ $\dfrac{経常利益}{売上高} \times 100$

売上高経常利益率は、金融収支などを含めた企業の経常
的な収益力が、売上高に対してどの程度であるかを算定す

るものです。

⑤　自己資本対固定資産比率(%) ＝ $\dfrac{自己資本}{固定資産} \times 100$

　　自己資本対固定資産比率は、固定比率の逆数をとったもので、固定資産に投下された資本がどの程度自己資本でまかなえているかを示しています。

　　なお、連結財務諸表で経営事項審査を受ける企業は、分子の自己資本に「純資産－非支配株主持分」を用います。

⑥　自己資本比率(%) ＝ $\dfrac{自己資本}{総資本} \times 100$

　　自己資本比率は、総資本に占める自己資本の割合を示していて、資本の蓄積度合いを表しています。

　　なお、⑤自己資本対固定資産比率と同様に連結財務諸表で経営事項審査を受ける企業は、分子の自己資本に「純資産－非支配株主持分」を用います。

⑦　営業キャッシュ・フロー＝経常利益＋減価償却実施額－法人税等＋貸倒引当金増加額－売掛債権増加額＋仕入債務増加額－棚卸資産増加額＋未成工事受入金増加額

　　営業キャッシュ・フローは、企業が営業活動によって実際にどの程度の資金（キャッシュ）を獲得したかをみるもので、直近2期の平均値を用います。

　　なお、連結財務諸表で経営事項審査を受ける企業は、連結キャッシュ・フロー計算書の「営業活動によるキャッシュ・フロー」の数値を使用します。

⑧　利益剰余金＝貸借対照表の純資産の部における利益剰余金

　　利益剰余金は、自己資本のうち企業が毎事業年度で得た利益を内部に積み立てたもので、余裕資金がどれくらいあるかを示すものです。

　　なお、経営事項審査では直近2期の平均値で審査します。

参考

建設業経理士検定試験　財務分析主要比率表

	基本比率		関連比率	
	比率名	算式	比率名	算式
収益性比率	1. 総資本経常利益率	$\frac{\text{経常利益}}{\text{総資本(※)}} \times 100$	[1]総資本営業利益率	$\frac{\text{営業利益}}{\text{総資本(※)}} \times 100$
			[2]総資本事業利益率	$\frac{\text{事業利益}}{\text{総資本(※)}} \times 100$
			[3]総資本当期純利益率	$\frac{\text{当期純利益}}{\text{総資本(※)}} \times 100$
	2. 経営資本営業利益率	$\frac{\text{営業利益}}{\text{経営資本(※)}} \times 100$	[4]総資本売上総利益率	$\frac{\text{売上総利益}}{\text{総資本(※)}} \times 100$
	3. 自己資本当期純利益率	$\frac{\text{当期純利益}}{\text{自己資本(※)}} \times 100$	[5]自己資本事業利益率	$\frac{\text{事業利益}}{\text{自己資本(※)}} \times 100$
			[6]自己資本経常利益率	$\frac{\text{経常利益}}{\text{自己資本(※)}} \times 100$
			[7]資本金経常利益率	$\frac{\text{経常利益}}{\text{資本金(※)}} \times 100$
	4. 完成工事高経常利益率	$\frac{\text{経常利益}}{\text{完成工事高}} \times 100$	[8]完成工事高総利益率	$\frac{\text{完成工事総利益}}{\text{完成工事高}} \times 100$
			[9]完成工事高営業利益率	$\frac{\text{営業利益}}{\text{完成工事高}} \times 100$
	5. 完成工事高キャッシュ・フロー率（キャッシュ・フロー対売上高比率）	$\frac{\text{純キャッシュ・フロー}}{\text{完成工事高}} \times 100$	[10]完成工事高一般管理費率	$\frac{\text{販売費及び一般管理費}}{\text{完成工事高}} \times 100$
	6. 損益分岐点完成工事高	$\frac{\text{固定費}}{1-\frac{\text{変動費}}{\text{完成工事高}}}$ （円）		
	7. 損益分岐点比率	$\frac{\text{損益分岐点の完成工事高}}{\text{実際(あるいは予定)の完成工事高}} \times 100$	[11]損益分岐点比率（別法）	$\frac{\text{販売費及び一般管理費＋支払利息}}{\text{完成工事総利益＋営業外収益－営業外費用＋支払利息}} \times 100$
			[12]安全余裕率	$\frac{\text{実際(あるいは予定)の完成工事高}}{\text{損益分岐点の完成工事高}} \times 100$ あるいは $\frac{\text{安全余裕額}}{\text{実際(あるいは予定)の完成工事高}} \times 100$

	基本比率		関連比率	
	比率名	算式	比率名	算式
流動性比率	8. 流動比率	$\dfrac{流動資産-未成工事支出金}{流動負債-未成工事受入金}\times100$	[13] 流動比率（別法）	$\dfrac{流動資産}{流動負債}\times100$
	9. 当座比率	$\dfrac{当座資産}{流動負債-未成工事受入金}\times100$	[14] 当座比率（別法）	$\dfrac{当座資産}{流動負債}\times100$
	10. 立替工事高比率	$\dfrac{受取手形+完成工事未収入金+未成工事支出金-未成工事受入金}{完成工事高+未成工事支出金}\times100$	[15] 未成工事収支比率	$\dfrac{未成工事受入金}{未成工事支出金}\times100$
	11. 流動負債比率	$\dfrac{流動負債-未成工事受入金}{自己資本}\times100$	[16] 流動負債比率（別法）	$\dfrac{流動負債}{自己資本}\times100$
			[17] 必要運転資金月商倍率	$\dfrac{必要運転資金}{完成工事高\div12}（月）$
	12. 運転資本保有月数	$\dfrac{流動資産-流動負債}{完成工事高\div12}（月）$	[18] 現金預金手持月数	$\dfrac{現金預金}{完成工事高\div12}（月）$
	13. 営業キャッシュ・フロー対流動負債比率	$\dfrac{営業キャッシュ・フロー}{流動負債（※）}\times100$	[19] 受取勘定滞留月数（受取勘定月商倍率）	$\dfrac{受取手形+完成工事未収入金}{完成工事高\div12}（月）$
			[20] 完成工事未収入金滞留月数	$\dfrac{完成工事未収入金}{完成工事高\div12}（月）$
			[21] 棚卸資産滞留月数	$\dfrac{棚卸資産}{完成工事高\div12}（月）$
健全性比率	14. 自己資本比率	$\dfrac{自己資本}{総資本}\times100$		
	15. 負債比率	$\dfrac{流動負債+固定負債}{自己資本}\times100$	[22] 借入金依存度	$\dfrac{短期借入金+長期借入金+社債}{総資本}\times100$
			[23] 有利子負債月商倍率	$\dfrac{有利子負債}{完成工事高\div12}（月）$
			[24] 負債回転期間	$\dfrac{流動負債+固定負債}{売上高\div12}$
			[25] 純支払利息比率	$\dfrac{支払利息-受取利息及び配当金}{完成工事高}\times100$
	16. 固定負債比率	$\dfrac{固定負債}{自己資本}\times100$	[26] 金利負担能力（インタレスト・カバレッジ）	$\dfrac{営業利益+受取利息及び配当金}{支払利息}（倍）$
	17. 固定比率	$\dfrac{固定資産}{自己資本}\times100$		

	基本比率		関連比率	
	比 率 名	算 式	比 率 名	算 式
健全性比率	18. 固定長期適合比率	$\dfrac{固定資産}{固定負債+自己資本}\times100$	[27] 固定長期適合比率(別法)	$\dfrac{有形固定資産}{固定負債+自己資本}\times100$
	19. 配 当 性 向	$\dfrac{配当金}{当期純利益}\times100$	[28] 配 当 率	$\dfrac{配当金}{資本金}\times100$
活動性比率	20. 総資本回転率	$\dfrac{完成工事高}{総資本(※)}$(回)		
	21. 経営資本回転率	$\dfrac{完成工事高}{経営資本(※)}$(回)		
	22. 自己資本回転率	$\dfrac{完成工事高}{自己資本(※)}$(回)		
	23. 棚卸資産回転率	$\dfrac{完成工事高}{棚卸資産(※)}$(回)		
	24. 固定資産回転率	$\dfrac{完成工事高}{固定資産(※)}$(回)	[29] 受取勘定回転率	$\dfrac{完成工事高}{(受取手形+完成工事未収入金)(※)}$(回)
			[30] 支払勘定回転率	$\dfrac{完成工事高}{(支払手形+工事未払金)(※)}$(回)
	(上記の各々に対する回転期間を含む)			
生産性比率	25. 職員1人当り完成工事高	$\dfrac{完成工事高}{総職員数(※)}$(円)	[31] 技術職員1人当たり完成工事高	$\dfrac{完成工事高}{技術職員数(※)}$(円)
	26. 職員1人当たり付加価値(労働生産性)	$\dfrac{完成工事高-(材料費+外注費)}{総職員数(※)}$(円)	[32] 付加価値率	$\dfrac{完成工事高-(材料費+外注費)}{完成工事高}\times100$
	27. 職員1人当たり総資本(資本集約度)	$\dfrac{総資本(※)}{総職員数(※)}$(円)	[33] 労働装備率	$\dfrac{(有形固定資産-建設仮勘定)(※)}{総職員数(※)}$(円)
			[34] 設備投資効率	$\dfrac{完成工事高-(材料費+外注費)}{(有形固定資産-建設仮勘定)(※)}\times100$
			[35] 資本生産性(付加価値対固定資産比率)	$\dfrac{完成工事高-(材料費+外注費)}{固定資産(※)}\times100$
成長性比率	28. 完成工事高増減率	$\dfrac{当期完成工事高-前期完成工事高}{前期完成工事高}\times100$	[36] 付加価値増減率	$\dfrac{当期付加価値-前期付加価値}{前期付加価値}\times100$
	29. 営業利益増減率	$\dfrac{当期営業利益-前期営業利益}{前期営業利益}\times100$	[37] 経常利益増減率	$\dfrac{当期経常利益-前期経常利益}{前期経常利益}\times100$
	30. 総資本増減率	$\dfrac{当期末総資本-前期末総資本}{前期末総資本}\times100$	[38] 自己資本増減率	$\dfrac{当期末自己資本-前期末自己資本}{前期末自己資本}\times100$

注1. 算式によって求められた比率の単位は、（　）書によって特記したものを除き、すべて％である。
　2. 完成工事高は、建設業による売上高を意味し、兼業売上高を含まない。
　3.（※）を付した項目は、原則として期中平均値を使用する。
　4. 下記の項目は、原則として、次のようにして求めたものをいう。
　（1）経営資本＝総資本−（建設仮勘定＋未稼働資産＋投資資産＋繰延資産＋その他営業活動に直接参加していない資産）
　（2）当座資産＝現金預金＋|受取手形(割引分、裏書分を除く)＋完成工事未収入金−それらを対象とする貸倒引当金|＋有価証券
　（3）棚卸資産＝未成工事支出金＋材料貯蔵品
　（4）支払利息＝借入金利息＋社債利息＋その他他人資本に付される利息
　（5）受取利息及び配当金＝受取利息＋有価証券利息＋受取配当金
　（6）事業利益＝経常利益＋（4）に規定する支払利息
　（7）安全余裕額＝実際(あるいは予定)の完成工事高−損益分岐点の完成工事高
　（8）総職員数＝技術職員数＋事務職員数
　（9）必要運転資金＝受取手形＋完成工事未収入金＋未成工事支出金−支払手形−工事未払金−未成工事受入金
　（10）純キャッシュ・フロー＝当期純利益(税引後)±法人税等調整額＋当期減価償却実施額＋引当金増減額−剰余金の配当の額
　（11）営業キャッシュ・フロー＝キャッシュ・フロー計算書上の「営業活動によるキャッシュ・フロー」に掲載される金額
　　　ただし、キャッシュ・フロー計算書を作成していない場合には「経常利益＋減価償却実施額−法人税等＋貸倒引当金増加額−売掛債権増加額＋仕入債務増加額−棚卸資産増加額＋未成工事受入金増加額」で代用する。
　（12）有利子負債＝短期借入金＋長期借入金＋社債＋新株予約権付社債＋コマーシャル・ペーパー
　（13）自己資本＝純資産額
　（14）生産性比率及び成長性比率における「付加価値」の計算は、労務外注費を外注費として扱う。

さくいん

スッキリわかるシリーズ

スッキリわかる　建設業経理士1級　財務分析　第3版

2013年11月15日	初　版　第1刷発行
2020年6月27日	第3版　第1刷発行
2024年8月1日	第6刷発行

編　著　者	T A C 出版開発グループ
発　行　者	多　　田　　敏　　男
発　行　所	T A C 株式会社　出版事業部
	（T A C 出版）

〒101-8383
東京都千代田区神田三崎町3-2-18
電話 03（5276）9492（営業）
FAX 03（5276）9674
https://shuppan.tac-school.co.jp

| 印　　刷 | 株式会社　ワ　　コ　　ー |
| 製　　本 | 東京美術紙工協業組合 |

© TAC 2020　　Printed in Japan

ISBN 978-4-8132-8836-7
N.D.C. 336

本書は,「著作権法」によって,著作権等の権利が保護されている著作物です。本書の全部または一部につき,無断で転載,複写されると,著作権等の権利侵害となります。上記のような使い方をされる場合,および本書を使用して講義・セミナー等を実施する場合には,小社宛許諾を求めてください。

乱丁・落丁による交換,および正誤のお問合せ対応は,該当書籍の改訂版刊行月末日までといたします。なお,交換につきましては,書籍の在庫状況等により,お受けできない場合もございます。また,各種本試験の実施の延期,中止を理由とした本書の返品はお受けいたしません。返金もいたしかねますので,あらかじめご了承くださいますようお願い申し上げます。

建設業経理士検定講座のご案内

 Web通信講座　　 DVD通信講座　　 資料通信講座（1級総合本科生のみ）

オリジナル教材　合格までのノウハウを結集！

これが **TAC**

テキスト

試験の出題傾向を徹底分析。最短距離での合格を目標に、確実に理解できるように工夫されています。

トレーニング

合格を確実なものとするためには欠かせないアウトプットトレーニング用教材です。出題パターンと解答テクニックを修得してください。

的中答練

講義を一通り修了した段階で、本試験形式の問題練習を繰り返しトレーニングします。これにより、一層の実力アップが図れます。

DVD

TAC専任講師の講義を収録したDVDです。画面を通して、講義の迫力とポイントが伝わり、よりわかりやすく、より効率的に学習が進められます。［DVD通信講座のみ送付］

学習メディア　ライフスタイルに合わせて選べる！

Web通信講座
スマホやタブレットにも対応　見て学ぶ

講義をブロードバンドを利用し動画で配信します。ご自身のペースに合わせて、24時間いつでも何度でも繰り返し受講することができます。また、講義動画は専用アプリにダウンロードして2週間視聴可能です。有効期間内は何度でもダウンロード可能です。
※Web通信講座の配信期間は、受講された試験月の末日までです。

 TAC WEB SCHOOL ホームページ URL https://portal.tac-school.co.jp/
※お申込み前に、右記のサイトにて必ず動作環境をご確認ください。

DVD通信講座
見て学ぶ

講義を収録したデジタル映像をご自宅にお届けします。配信期限やネット環境を気にせず受講できるので安心です。

※DVD-Rメディア対応のDVDプレーヤーでのみ受講が可能です。パソコンやゲーム機での動作保証はいたしておりません。

資料通信講座
（1級総合本科生のみ）

テキスト・添削問題を中心として学習します。

Webでも無料配信中！　スマホ タブレット　パソコン 「**TAC動画チャンネル**」

- ● 入門セミナー　※収録内容の変更のため、配信されない期間が生じる場合がございます。
- ● 1回目の講義（前半分）が視聴できます

詳しくは、TACホームページ「TAC動画チャンネル」をクリック！

TAC 動画チャンネル　建設業　検索

コースの詳細は、建設業経理士検定講座パンフレット・TACホームページをご覧ください。

パンフレットのご請求・お問い合わせは、**TACカスタマーセンター**まで　※営業時間短縮の場合がございます。詳細はHPでご確認ください。

通話無料 **0120-509-117**　受付時間 月～金 9:30～19:00　土・日・祝 9:30～18:00
ゴウカク イイナ

TAC建設業経理士検定講座ホームページ

TAC建設業　検索

合格カリキュラム　ご自身のレベルに合わせて無理なく学習！

1級受験対策コース ▶　財務諸表　財務分析　原価計算

1級総合本科生　**対象** 日商簿記2級・建設業2級修了者、日商簿記1級修了者

財務諸表		財務分析		原価計算	
財務諸表本科生		**財務分析本科生**		**原価計算本科生**	
財務諸表講義	財務諸表的中答練	財務分析講義	財務分析的中答練	原価計算講義	原価計算的中答練

※上記の他、1級的中答練セットもございます。

2級受験対策コース

2級本科生（日商3級講義付）　**対象** 初学者（簿記知識がゼロの方）

日商簿記3級講義	2級講義	2級的中答練

2級本科生　**対象** 日商簿記3級・建設業3級修了者

2級講義	2級的中答練

日商2級修了者用2級セット　**対象** 日商簿記2級修了者

日商2級修了者用2級講義	2級的中答練

※上記の他、単科申込みのコースもございます。　※上記コース内容は予告なく変更される場合がございます。あらかじめご了承ください。

合格カリキュラムの詳細は、TACホームページをご覧になるか、パンフレットにてご確認ください。

安心のフォロー制度　充実のバックアップ体制で、学習を強力サポート！

 ＝Web・DVD・資料通信講座でのフォロー制度です。

1. 受講のしやすさを考えた制度

 随時入学 　"始めたい時が開講日"。視聴開始日・送付開始日以降ならいつでも受講を開始できます。

2. 困った時、わからない時のフォロー

質問電話

講師とのコミュニケーションツール。疑問点・不明点は、質問電話ですぐに解決しましょう。

 質問カード

講師と接する機会の少ない通信受講生も、質問カードを利用すればいつでも疑問点・不明点を講師に質問し、解決できます。また、実際に質問事項を書くことによって、理解も深まります（利用回数：10回）。

 質問メール

受講生専用のWebサイト「マイページ」より質問メール機能がご利用いただけます（利用回数：10回）。

※質問カード、メールの使用回数の上限は合算で10回までとなります。

3. その他の特典

 再受講割引制度

過去に、本科生（1級各科目本科生含む）を受講されたことのある方が、同一コースをもう一度受講される場合には再受講割引受講料でお申込みいただけます。

※以前受講されていた時の会員証をご提示いただき、お手続きをしてください。
※テキスト・問題集はお渡ししておりませんのでお手持ちのテキスト等をご使用ください。テキスト等のver.変更があった場合は、別途お買い求めください。

TAC出版 書籍のご案内

TAC出版では、資格の学校TAC各講座の定評ある執筆陣による資格試験の参考書をはじめ、資格取得者の開業法や仕事術、実務書、ビジネス書、一般書などを発行しています！

TAC出版の書籍

*一部書籍は、早稲田経営出版のブランドにて刊行しております。

資格・検定試験の受験対策書籍

- ❂日商簿記検定
- ❂建設業経理士
- ❂全経簿記上級
- ❂税 理 士
- ❂公認会計士
- ❂社会保険労務士
- ❂中小企業診断士
- ❂証券アナリスト

- ❂ファイナンシャルプランナー(FP)
- ❂証券外務員
- ❂貸金業務取扱主任者
- ❂不動産鑑定士
- ❂宅地建物取引士
- ❂賃貸不動産経営管理士
- ❂マンション管理士
- ❂管理業務主任者

- ❂司法書士
- ❂行政書士
- ❂司法試験
- ❂弁理士
- ❂公務員試験(大卒程度・高卒者)
- ❂情報処理試験
- ❂介護福祉士
- ❂ケアマネジャー
- ❂電験三種 ほか

実務書・ビジネス書

- ✪会計実務、税法、税務、経理
- ✪総務、労務、人事
- ✪ビジネススキル、マナー、就職、自己啓発
- ✪資格取得者の開業法、仕事術、営業術

一般書・エンタメ書

- ✪ファッション
- ✪エッセイ、レシピ
- ✪スポーツ
- ✪旅行ガイド (おとな旅プレミアム/旅コン)

TAC出版

(2024年2月現在)

書籍のご購入は

1 全国の書店、大学生協、ネット書店で

2 TAC各校の書籍コーナーで

資格の学校TACの校舎は全国に展開!
校舎のご確認はホームページにて

資格の学校TAC ホームページ
https://www.tac-school.co.jp

3 TAC出版書籍販売サイトで

CYBER TAC出版書籍販売サイト
BOOK STORE

24時間
ご注文
受付中

TAC 出版　で　検索

https://bookstore.tac-school.co.jp/

新刊情報を
いち早くチェック!

たっぷり読める
立ち読み機能

学習お役立ちの
特設ページも充実!

TAC出版書籍販売サイト「サイバーブックストア」では、TAC出版および早稲田経営出版から刊行されている、すべての最新書籍をお取り扱いしています。

また、会員登録(無料)をしていただくことで、会員様限定キャンペーンのほか、送料無料サービス、メールマガジン配信サービス、マイページのご利用など、うれしい特典がたくさん受けられます。

サイバーブックストア会員は、特典がいっぱい!(一部抜粋)

通常、1万円(税込)未満のご注文につきましては、送料・手数料として500円(全国一律・税込)頂戴しておりますが、1冊から無料となります。

専用の「マイページ」は、「購入履歴・配送状況の確認」のほか、「ほしいものリスト」や「マイフォルダ」など、便利な機能が満載です。

メールマガジンでは、キャンペーンやおすすめ書籍、新刊情報のほか、「電子ブック版TACNEWS(ダイジェスト版)」をお届けします。

書籍の発売を、販売開始当日にメールにてお知らせします。これなら買い忘れの心配もありません。

書籍の正誤に関するご確認とお問合せについて

書籍の記載内容に誤りではないかと思われる箇所がございましたら、以下の手順にてご確認とお問合せをしてくださいますよう、お願い申し上げます。
なお、正誤のお問合せ以外の**書籍内容に関する解説および受験指導などは、一切行っておりません。**
そのようなお問合せにつきましては、お答えいたしかねますので、あらかじめご了承ください。

1 「Cyber Book Store」にて正誤表を確認する

TAC出版書籍販売サイト「Cyber Book Store」の
トップページ内「正誤表」コーナーにて、正誤表をご確認ください。

CYBER TAC出版書籍販売サイト
BOOK STORE

URL:https://bookstore.tac-school.co.jp/

2 1の正誤表がない、あるいは正誤表に該当箇所の記載がない
⇒ 下記①、②のどちらかの方法で文書にて問合せをする

★ご注意ください★

お電話でのお問合せは、お受けいたしません。
①、②のどちらの方法でも、お問合せの際には、「お名前」とともに、
「対象の書籍名（○級・第○回対策も含む）およびその版数（第○版・○○年度版など）」
「お問合せ該当箇所の頁数と行数」
「誤りと思われる記載」
「正しいとお考えになる記載とその根拠」
を明記してください。
なお、回答までに１週間前後を要する場合もございます。あらかじめご了承ください。

① ウェブページ「Cyber Book Store」内の「お問合せフォーム」より問合せをする

【お問合せフォームアドレス】

https://bookstore.tac-school.co.jp/inquiry/

② メールにより問合せをする

【メール宛先　TAC出版】

syuppan-h@tac-school.co.jp

※**土日祝日はお問合せ対応をおこなっておりません。**
※**正誤のお問合せ対応は、該当書籍の改訂版刊行月末日までといたします。**

乱丁・落丁による交換は、該当書籍の改訂版刊行月末日までといたします。なお、書籍の在庫状況等により、お受けできない場合もございます。
また、各種本試験の実施の延期、中止を理由とした本書の返品はお受けいたしません。返金もいたしかねますので、あらかじめご了承くださいますようお願い申し上げます。

TACにおける個人情報の取り扱いについて
■お預かりした個人情報は、TAC（株）で管理させていただき、お問合せへの対応、当社の記録保管にのみ利用いたします。お客様の同意なしに業務委託先以外の第三者に開示、提供することはございません（法令等により開示を求められた場合を除く）。その他、個人情報保護管理者、お預かりした個人情報の開示等及びTAC（株）への個人情報の提供の任意性については、当社ホームページ（https://www.tac-school.co.jp）をご覧いただくか、個人情報に関するお問い合わせ窓口（E-mail:privacy@tac-school.co.jp）までお問合せください。

（2022年7月現在）